生态教育的现状及路径

——践行生态文明思想　走可持续发展之路

彭妮娅　著

中国财经出版传媒集团

中国财政经济出版社

图书在版编目（CIP）数据

生态教育的现状及路径：践行生态文明思想　走可
持续发展之路／彭妮娅著. －－北京：中国财政经济出
版社，2019. 12
ISBN 978 - 7 - 5095 - 9506 - 0

Ⅰ.①生… Ⅱ.①彭… Ⅲ.①生态环境 - 环境教育 -
教育研究 - 中国 Ⅳ.①X321. 2

中国版本图书馆 CIP 数据核字（2019）第 291161 号

责任编辑：蔡　宾　　　　　　　责任校对：张　凡
封面设计：陈宇琰

中国财政经济出版社 出版
URL：http：//www.cfeph.cn
E - mail：cfeph @ cfeph.cn
社址：北京市海淀区阜成路甲 28 号　邮政编码：100142
营销中心电话：88190406　编辑部门电话：010 - 88190666
北京财经印刷厂印刷　各地新华书店经销
787 × 1092 毫米　16 开　10. 25 印张　250 000 字
2020 年 4 月第 1 版　2020 年 4 月北京第 1 次印刷
定价：56. 00 元
ISBN 978 - 7 - 5095 - 9506 - 0
（图书出现印装问题，本社负责调换）
本社质量投诉电话：010 - 88190744
打击盗版举报热线：010 - 88191661　QQ：2242791300

代　序

　　党的十八大明确提出大力推进生态文明建设，实现中华民族永续发展。党的十九大提出要"加快生态文明体制改革，建设美丽中国"。习近平总书记强调，要加快构建生态文明体系，加快建立健全以生态价值观念为准则的生态文化体系，确保生态文明全面提升。《国家教育事业发展"十三五"规划》提出，我国教育事业发展要坚持立德树人的基本原则，全面提升育人水平。为加快推进教育现代化，应增强学生生态文明素养，强化生态文明教育，将生态文明理念融入教育全过程。

　　践行生态文明，构建生态文化体系，建设人类命运共同体，走可持续发展之路，是当前时代发展的主题，这些主题都离不开生态教育的科学支撑和文化保障。我国的生态教育经历了基础教育阶段的渗透教育融合、课程建设探索，高等教育阶段的学科发展和科研教育共同深入，逐渐走向规范和成熟，随着生态学上升为一级学科，其在国际上的认可度不断攀升，并逐步与国际前沿接轨。

　　生态教育的发展历程以生态文明建设发展为背景和前提，并有力支撑和促进了生态文明建设。1972 年，我国代表团出席联合国在瑞典首都斯德哥尔摩召开的第一次人类环境会议，并参与《人类环境宣言》起草，开辟了我们保护环境、共建美好家园的历史新纪元。1989 年，第七届全国人大常委会第十一次会议通过《中华人民共和国环境保护法》，将保护环境作为基本国策。1994 年，《中国 21 世纪议程》经国务院第十六次常务会议审议通过，提出可持续发展总体战略及社会、经济、资源环境的可持续发展政策。1997 年，党的十五大报告指出要坚持保护环境的基本国策，改善生态环境，"实施可持续发展战略"。2003 年，党的十六大报告提出要走"生产发展、生活富裕、生态良好的文明发展道路"，并将其确定为建设小康社会的四大目标之一。2007 年，党的十七大报告首次明确提出"生态文明"，要求在全社会牢固树立生态文明观念。2012 年，党的十八大报告独立成篇论述"生态文明"建设的各方面内容，做出"大力推进生态文明建设"的战略决策，提出"把生态文明建设放在突出地位"，从十个方面描绘今后我国生态文明建设的宏伟蓝图。2014 年，为"推进生态文明建设，促进经济社会可持续发展"，人大常委会对环境保护法进行了修订。2015 年，《中共中央 国务院关于加快推进生态文明建设的意见》发布，生态文明建设首度被写入国家五年规划。2017 年，党的十九大报告指出，要将建设生态文明作为"中华民族永续发展的千年大计"，同时"加快生态文明体制改革，建设美丽中国"。2018 年，全国生态环境保护大会上提出"习近平生态文明思想"，第十三届全国人民代表大会第一次会议表决通过《中华人民共和国宪法修正案》，生态文明历史性地写入宪法。

与此同时，我国的生态教育逐渐深入发展。从 1978 年中共中央发布的《环境保护工作汇报要点》提出普通中小学要增加环境保护的教学内容开始，我们的中小学生态教育就出现了以环境保护为主要内容的雏形。1990 年，"环境教育"一词首次在国家教委印发的《现行普通高中教学计划的调整意见》中出现，该教学计划提出普通高中环保教育在相关课程中渗透进行。2001 年，《基础教育课程改革纲要（试行）》，把培养环境意识作为培养目标列入其中。之后的十多年间，环保教育、自然常识等仍是生态教育的重点和代名词。直到 2015 年，《中共中央 国务院关于加快推进生态文明建设的意见》提出"把生态文明教育作为素质教育的重要内容"，"生态文明教育"的概念正式提出。2017 年《国家教育事业发展十三五规划》提出"强化生态文明教育，将生态文明理念融入教育全过程"，并鼓励进行生态教育课程教材的开发，生态教育正式被纳入学校教育体系。与基础教育课程改革同时进行的还有高等教育生态学科的建设与发展。2013 年，《教育部 农业部 国家林业局关于推进高等农林教育综合改革的若干意见》发布，提出统筹高等农林教育发展，这是继生态学在 2011 年被国务院学位委员会调整为一级学科后，多部门联合发布的发展高等院校生态教育服务生态文明建设的文件，促进了"卓越农林人才教育培养计划"的出台。2014 年，《中华人民共和国环境保护法（2014 年修订）》提出，教育行政部门、学校应当将环境保护知识纳入学校教育内容，培养学生的环境保护意识。生态教育从初期的以"宣传"为主的教育形式，到增强民众的生态文明意识以营造良好的社会教育氛围，再到被纳入教育全过程，生态教育经历了稳打稳扎的基础夯实和循序渐进的过程。

2019 年是新中国成立七十周年，也是"十四五"规划编制的前期调研之年，是确立我国未来发展总体布局的重要时间节点。这本有关生态教育的发展过程、现状及路径研究的专著的出版，可谓恰逢其时，对于我们全面了解和深入推进生态教育、建立健全生态文化体系具有重要的意义。我国的生态教育在经历萌芽探索、初具雏形、学科渗透、初成规范、建立教育体系等发展阶段后，已成为我们实现教育目标——立德树人过程中的重要内容。

本书的内容全面详实，分为三个篇章，上篇介绍生态教育的理论和内涵，从生态教育的相关概念、意义探析、理论和政策发展等内容出发，第一章介绍生态教育与生态文化、生态价值观、生态文明素养等概念，辨析它们与生态教育的关系，夯实生态教育研究的理论基础。第二章探析生态教育的意义，从生态教育是构建生态文化体系的基石，生态价值观是实现可持续发展的价值观基础，生态教育是对马克思生态观和习近平生态文明思想的实践等角度分析新时代进行生态教育的意义。第三章和第四章分别介绍生态教育的理论发展和政策发展，从经典的马克思主义生态文明理论分析延续到切实结合我国实际的习近平生态文明思想研究，再到教育领域以"立德树人"为目标的发展契机，梳理我国生态教育的理论发展过程；政策发展，则从国家重大政策文件、领导人的生态教育思想、生态教育的政策和实践发展特点等方面入手，为我们呈现生态教育的发展历程及现状。中篇是生态教育的现状调查篇，第五至第七章分别以三个群体（大学生、中小学生、社会民众）为调查对象，来研究我国的生态教育和民众生态素养现状，将学校生态教育和社会生态教育紧密结合，共同作为生态教育体系的组成部分，依据调查基本情况和调查结果分析，提出相应的发展建议。下篇是生态教育的路径展望篇，在前两篇的基础上，提出生态教育的未来发展路径。第八章是生态教育的总体发展构想，分析生态教育在生态文明建设中的使命感和未来路径探索。第九章研究未来生态教育的重点之一——课程体系建设，从课程建设总体规划、课程体系的目标分解与实现等方面，将生态教育"落地"，将研究与教学结合，具有一定的现实和实践意义。第十章研究生态教育与可持续发展，探讨全球命运共同体背景下的可持续发展的意义、目标及路径，将生态教育放在社会经济文化发展的大环境下，进行适当的扩展和升华。总之，本书既有政策又有实践；既有历史回顾，又有未来展望；既有理论高度，又有现实意义。适合所有与生态教育、生态文明、生态科学有关的研究人员和师生阅读。

"一个时代有一个时代的主题，一代人有一代人的使命。"作为担当民族复兴大任的时代新人，要牢固树立中华民族伟大复兴的理想追求，要以推动全球可持续发展，建设人类命运共同体为己任，将生态文明素养内化为践行社会主义核心价值观的动力内核。我们有理由相信，经过生态教育者的接续努力、薪火相传，生态文明的种子必将生根发芽，生态文明建设的沃土上将布满参天大树，我们生态教育的前景会是一片茂林叠翠，欣欣向荣。

北京林业大学校长

中国生态学学会副理事长

中国生态学学会教育工作委员会主任

博士—教授—博士生导师

目　　录

中篇　生态教育的现状调查

下篇　生态教育的路径展望

上　篇

生态教育的理论和内涵

第一章　生态教育的相关概念

党的十九大报告提出我国的生态文明建设成效显著，要将建设生态文明作为"中华民族永续发展的千年大计"继续坚持，到2035年"生态环境根本好转，美丽中国目标基本实现"①。从党的十七大报告首次明确提出"生态文明"理念，到党的十八大报告独立成篇论述生态文明蓝图，生态文明建设被写入党章、国家"十三五"规划，再到如今国务院组建生态环境部、生态文明被历史性地写入宪法，十多年间生态文明发展态势迅猛。国家教育事业发展"十三五"规划提出要"增强学生生态文明素养"、"强化生态文明教育"，则是肯定了教育在生态文明建设中的基础性作用②，为生态文明建设在教育领域的践行提供了指路明灯，也预示着学校生态文明教育将更加规范和系统。

2018年5月18日至19日，全国生态环境保护大会召开。习近平总书记强调，要加快构建生态文明体系，加快建立健全以生态价值观念为准则的生态文化体系，确保生态文明全面提升。《中共中央 国务院关于加快推进生态文明建设的意见》指出，"提高全民生态文明意识。积极培育生态文化、生态道德，使生态文明成为社会主流价值观。"该意见是深入领会党的十八大精神，对生态文明建设做出的全面部署，指明了生态教育在生态文明建设中的必要性和基础性作用。《国家教育事业发展"十三五"规划》是总结"十二五"时期我国教育改革发展取得的显著成就后，为加快推进教育现代化而制定的教育发展规划，其成段论述了"增强学生生态文明素养"的培养任务，并明确提出"强化生态文明教育"的要求。不论是习近平总书记提出的以生态文化体系的健全带动生态文明建设再上台阶，还是教育"十三五"规划对生态文明教育的

---

① 李干杰. 全面贯彻实施宪法 大力提升新时代生态文明水平［N］. 人民日报，2018 - 03 - 14，第16版.

② 刘贵华，岳伟. 论教育在生态文明建设中的基础作用［J］. 教育研究，2013（12）：10 - 17.

论述，都反映了建设生态文明，生态教育要先行的现实要求。我们应该深入学习领会习近平生态观，建立系统完善的生态教育体系，推动各级各类学校生态教育的落实，促进生态文化体系构建在生态文明建设中的引领作用，加强生态文明建设的成效。

生态教育，是对于人与自然生态环境之间关系的教育，其以生态文明为主要内容，以培养生态素养、树立生态价值观念、构建社会生态文化体系为主要目标，旨在实现人与自然和谐共生与稳定长效的可持续发展①。生态教育以所有公民为教育对象，是学校教育和社会教育相结合的一种现代文明教育。学校生态教育主要针对在校学生，采取课堂教学和实践综合的教育形式，是生态教育的重点领域。社会生态教育是学校生态教育的延续和补充，形式更多样、自由、灵活。生态教育在基础教育阶段以生态文明教育为主，旨在从小培养学生获得人与自然和谐共处、持续生存、稳定发展的文化理念，为生态文明实践打下思想基础；在高等教育阶段增加生态学、林学、环境科学等专业教育，旨在为社会培养专业知识丰富、技术领先的生态科技专业人才；在社会教育阶段则以培养民众生态意识、提升生态素养、履行生态规范为主，旨在营造全民参与生态文明建设、共建绿色美好家园的生态文化环境，实现全社会可持续发展的目标。从广义上来看，所有与生态文明、环境科学、生态保护与实践等相关的教育都可统称为生态教育，这是外延最广的一种分类，它包含环境教育、生态文明教育等内涵。从狭义上来看，生态教育是对"生态文明教育"的简称。

一、生态文明与生态文化

党的十八大明确提出大力推进生态文明建设，实现中华民族永续发展。这标志着我们对中国特色社会主义规律认识的进一步深化，表明了我们加强生态文明建设的坚定意志和坚强决心。② 党的十九大提出要"加快生态文明体制改革，建设美丽中国"。为了满足人们日益增长的优美生态环境的需要，我们需要加强生态文明建设的总体设计和组织领导，推动生态文明建设新格局。③

① 钱易，何建坤，卢风. 生态文明十五讲［M］. 北京：科学出版社，2015.
② 习近平谈治国理政［M］. 北京：外文出版社，2017.
③ 习近平. 决胜全面建成小康社会 夺取新时代中国特色社会主义伟大胜利——在中国共产党第十九次全国代表大会上的报告（2017 年 10 月 18 日）［M］. 北京：人民出版社，2017.

生态文明是人类社会进步的重大成果，是实现人与自然和谐发展的必然要求。建设生态文明是关系人民福祉、关乎民族未来的大计，是实现中华民族伟大复兴的中国梦的重要内容。建设生态文明，是一场涉及生产方式、生活方式、思维方式和价值观念的革命性变革。建设生态文明，要以资源环境承载能力为基础，以自然规律为准则，以可持续发展、人与自然和谐为目标，建设生产发展、生活富裕、生态良好的文明社会①。

生态文明是继原始文明、农业文明、工业文明之后的一种新的文明形式，是我党为推进中国特色社会主义事业所做的"五位一体"总体布局的重要组成部分。生态文明包含生态意识、生态行为、生态制度等方面。生态意识文明指要树立尊重自然、顺应自然、保护自然的生态文明理念；生态行为文明指坚持节约资源和保护环境的基本国策，坚持节约优先、保护优先、自然恢复为主的方针；生态制度文明指健全国土空间开发、资源节约、生态环境保护的体制机制，推动形成人与自然和谐发展现代化建设新格局②。

生态文明，指人类社会认识到自然生态的关系和状态的发展规律后，把自然生态纳入到人类可以改造的范围之内取得的成果总和。生态文明是继原始文明、农业文明、工业文明之后，在人类文明发展的徘徊与反思中兴起的一种新的文明形态，也是物质文明、政治文明和精神文明在自然和社会生态关系上的具体表现形式，贯穿于社会经济、民主法治、伦理道德、资源环境等各方面。生态文明的核心是从统治和奴役自然过渡到爱惜和保护自然，在尊重自然规律的前提下合理利用自然，实现人与自然的和谐发展③。

生态文化是人与环境稳定发展的文化，这里的"文"指包括个体与群体的"人"和包括自然、经济和社会的"环境"之间的关系脉络，"化"指育化、教化和进化，也就是我们通常所说的"教育过程"和"发展进步"④。而动态发展的生态文化的结果就是实现生态文明。生态文化不同于传统文化的地方在于它具有综合性和适应性，它既关注效益，又强调竞争，还注重平衡。它的实现关键在于生态教育。

---

① 中共中央宣传部．习近平总书记系列重要讲话读本（2016 年版）［M］．北京：学习出版社、人民出版社，2016.

② 习近平．决胜全面建成小康社会 夺取新时代中国特色社会主义伟大胜利——在中国共产党第十九次全国代表大会上的报告（2017 年 10 月 18 日）［M］．北京：人民出版社，2017.

③ 宣裕方，王旭烽．生态文化概论［M］．南昌：江西人民出版社，2012.

④ 黄承梁．习近平新时代生态文明建设思想的核心价值［EB/OL］．人民网．http://theory. people. com. cn/n1/2018/0223/c40531－29830760. html，2018－02－23.

二、生态价值观

生态价值观指对于生态的价值认知，是人与自然的关系阐述，经历了从二元论到一元论的发展过程。传统的伦理主体角度的生态价值观分为人类中心主义和非人类中心主义，前者将人类看成是自然的主人，认为自然界理所应当为人类提供各种资源；后者认为所有生物物种和个体的存在都有意义，自然界应寻求自身价值而不应只是为人类服务①。显然，以上两种理解是对立的，也都是片面的。

经过近年发展，对生态价值观的认识逐渐从对立论发展为统一论。这个"一元"和"统一"是在充分了解的基础上，建立起来的人与自然发展的目标一致和路径统一，是我们应该追求的人与自然和谐共生、互惠互利的价值观共识。人类可以利用自然，但切不可盲目、过度地攫取；人类不仅要利用自然，还要尊重、保护和回馈自然，这样人类与自然的关系才能持续繁荣。

习近平总书记的"两山论"，特别是"绿水青山就是金山银山"的科学论述，使得生态文明有了与其核心价值理念相一致的形象话语。"两山论"是习近平新时代生态文明建设思想的核心价值观，也是我们认知和践行生态文明、推行生态文明教育应该遵循的价值观②。

生态价值观是对生态环境的认知、理解和判断，是能影响人们处理与生态关系的行为方式的思维和价值取向。党的十八大报告首次提出"生态价值"的概念，习近平总书记提出，要培养"尊重自然，顺应自然，保护自然"的生态观念③。要按照绿色发展理念，树立大局观、长远观、整体观，这也是推进生态文明建设所需要的生态观。

生态价值观是"良好生态是最普惠的民生福祉"的大局观。党的十九大报告提出"必须坚持人民主体地位"。环境改善、生态优化，人民群众是直接的受益者。在构建人类命运共同体的大背景下，应该将生态建设当成惠民、利民的头等大事来贯彻执行。

---

① 刘贵华，岳伟. 论教育在生态文明建设中的基础作用 [J]. 教育研究，2013（12）：10-17.

② 黄承梁. 习近平新时代生态文明建设思想的核心价值 [EB/OL]. 人民网. http://theory.people.com.cn/n1/2018/0223/c40531-29830760.html，2018-02-23.

③ 习近平谈治国理政 [M]. 北京：外文出版社，2017.

生态价值观是"绿水青山就是金山银山"的长远观。习近平总书记指出："生态文明建设事关中华民族永续发展和'两个一百年'奋斗目标的实现，保护生态环境就是保护生产力，改善生态环境就是发展生产力。"我们应该发展绿色经济，同时反哺生态保护，实现生态环境与经济发展长效、持续的双赢。

生态价值观是"人与自然和谐发展"的整体观。习近平总书记的生态集体主义价值理念，把实现人与自然关系的和谐上升到了和人与人关系和谐一样的价值高度，他认为生态文明建设是"系统性的社会工程"，生态环境与社会经济、人民生活的每一个环节都息息相关，是社会整体系统中不可缺少的元素。"人与自然是生命共同体"①，自然应当受到人类的尊重与保护。

三、生态文明素养

生态文明素养是生态价值观经过培育和内化的结果，是对生态知识、生态伦理、生态情感和生态行为进行综合学习后获得的能力和修养。生态文明素养在不同的年龄和学段有不同的要求和体现。基础教育阶段的生态文明素养，主要考查中小学生的生态意识，以及是否具有系统的生态知识和价值观，是否有爱护自然、保护环境的主动性。高等教育阶段的生态文明素养还应考查贯穿了生态价值观的教育方法对受教育者习得相关观念和改变行为方式的影响和作用，以及考虑到广义生态价值，将教育与社会、经济、自然、环境、文化等发展紧密联系，使教育和其所处的社会系统及系统里其他因素互相促进、共同发展②。

社会公民的生态文明素养则体现在生态环境意识，建设美丽中国的行为规范上，与树立社会主义生态文明观，推动形成人与自然和谐发展现代化建设新格局紧密相关。公民生态行为规范由生态环境部、中央文明办、教育部、共青团中央、全国妇联等五部门于 2018 年联合发布，倡导简约适度、绿色低碳的生活方式，引领公民践行生态环境责任，携手共建天蓝、地绿、水清的美丽中国。具体包括关注生态环境、节约能源资源、践行绿色消费、选择低碳出行、分类投放垃圾、减少污染产生、呵护自然生态、参加环保实践、参与监督举

---

① 习近平 . 决胜全面建成小康社会 夺取新时代中国特色社会主义伟大胜利——在中国共产党第十九次全国代表大会上的报告（2017 年 10 月 18 日）［M］. 北京：人民出版社，2017.

② 彭妮娅 . 我国生态价值观教育的现状和实施路径研究［J］. 中国德育，2017（8）：35 - 38.

报、共建美丽中国等内容。

四、生态文明教育

生态文明教育是以培养生态文明素养，树立生态价值观为目标的教育，简称"生态教育"。生态教育从实施场地和性质可分为学校生态教育和社会生态教育，学校生态教育是在校园内以课程形式（包括理论课程和实践课程）进行的，以生态文明基本理念为指导，以爱护环境、节约资源为主要内容，旨在引导学生树立尊重自然、顺应自然和保护自然的生态文明意识，形成可持续发展理念、知识和能力，践行勤俭节约、绿色低碳、文明健康的绿色风尚的教育[①]。其在教育形式和内容上与自然科学、德育、美育均有交叉又各有差异。

我们的学校生态教育从改革开放初期开始萌芽，经过了四十年的发展，逐渐丰富明晰。1978 年中共中央发布的《环境保护工作汇报要点》提出普通中小学要增加环境保护的教学内容。1990 年，"环境教育"一词首次在国家教委印发的《现行普通高中教学计划的调整意见》中出现。2001 年，《基础教育课程改革纲要（试行）》，把培养环境意识作为培养目标列入其中。2015 年，《中共中央 国务院关于加快推进生态文明建设的意见》提出"把生态文明教育作为素质教育的重要内容"，"生态教育"的概念正式提出。2017 年《国家教育事业发展十三五规划》提出"强化生态文明教育，将生态文明理念融入教育全过程"。

社会生态教育是在学校外，如家庭、社区、单位、公园和其他公共区域进行的，以提高民众生态素质、改善生态环境为目标的，时间灵活、形式自由、全民参与的终身学习和社会教育、宣传、实践活动。学校生态教育是基础，社会生态教育是延伸，二者互相促进、互相补充，构成系统完整的生态教育体系。

五、生态价值观教育

"生态价值观"的内涵，可以从微观、中观、宏观三个层面阐述。

---

① 国务院. 国家教育事业发展"十三五"规划［Z］. 2017 - 01 - 10.

微观层面的生态价值观，指对于自然生态和环境系统的价值认识，这是最基本也是最直接的对于生态的感知。这种价值观会让人们爱护自然、保护环境、珍惜资源。

中观层面的生态价值观，指除了自然生态领域，社会生活的其他方面也学习和借用其运行方式，在经济和社会发展中追求互动的、和谐的、循环的、具备可持续发展效率的价值观。

宏观层面的生态价值观，则是从辩证唯物主义和历史唯物主义出发，把人类社会和自然社会统一起来的价值观，是遵循人、自然、社会和谐发展这一客观规律而取得的物质与精神成果的总和，是指人与自然、人与人、人与社会和谐共生、良性循环、全面发展、持续繁荣为基本宗旨的文化伦理形态①。

同样地，"生态价值观教育"也包含三层递进的意思。

一是以"生态价值观"为主要内容的教育，即教育大家理解和领会何为"生态价值观"；

二是遵循"生态价值观"理念的教育方法和模式，即在教育中渗透和融入对生态价值观的阐述，将生态价值观贯穿于教育的全过程，并关注和考查此种教育方法对于受教育者习得相关观念和改变行为方式的影响和作用；

三是具有广义生态价值的教育，即将教育作为社会生态系统里的一员，将其与社会、经济、自然、环境、文化等因素的发展紧密联系，使得教育和其所处的社会系统、以及系统里其他因素互相促进、共同发展②。

通过对生态价值观教育的含义和方法的逐步探索，透过环境教育的外衣，看到生态价值观教育的内核，其最终目标就是为了实现人和社会的全面可持续发展。

---

① 宣裕方，王旭烽. 生态文化概论［M］. 南昌：江西人民出版社，2012.
② 王如松. 城乡生态建设的三大理论支柱——复合生态 循环经济 生态文化［C］. 生态安全与生态建设——中国科协 2002 年学术年会论文集，北京，2002：139－144.

第二章 生态教育的意义探析

一、生态教育是构建生态文化体系的基石

（一）生态教育是构建生态文化体系、建设生态文明的重要内容

习近平总书记在全国生态环境保护大会上提出了建立生态文化体系、生态经济体系、目标责任体系、生态制度体系、生态安全体系等"五大体系"为一体的生态文明体系建设目标。其中，以生态价值观念为准则的生态文化体系的构建是文化和认识基础，能助推其他四大体系的建立和价值认同，从而整体推动生态文明建设的质量跃升。而生态文化体系的构建应重视生态教育的培育作用，以生态教育的理论发展和实践检验来推动。①

建设生态文明、增强生态意识要重视教育的基础功能和不可替代的作用。一方面，通过学校教育，从小培养大家的生态意识和全面正确的生态价值观；习近平总书记认为良好的生态环境是与人民利益最切实相关的民生福祉，并教导我们要依靠自己的努力奋斗创造美好生活。美好生活一有美好的环境、二有坚实的经济、三有良好的文化。我们应该遵循"绿色发展、循环发展"②，实现经济和社会的可持续发展。同时要"加强宣传教育、创新活动形式"，按照建设美丽中国的要求，切实增强生态意识，加强生态环境保护，把我国建设成为生态环境良好的国家。另一方面，通过教育整体水平提升和教育系统结构完善，将教育与社会的需求、经济的发展做到无缝对接，为社会培养思想认识正确、基本功扎实、适应性强的人才，实现教育发展和经济稳定的互相促进，进

---

① 习近平谈治国理政［M］. 北京：外文出版社，2017.
② 习近平谈治国理政［M］. 北京：外文出版社，2017.

而从长效建设来看，实现社会的全面可持续发展。因此，生态文明建设在教育领域要通过生态教育来践行。

（二）生态教育是全面落实立德树人根本任务的时代要求

2018 年青年节，习近平总书记在北京大学师生座谈会上的讲话强调，要深入落实立德树人根本任务，以树人为核心，以立德为根本，培养德智体美全面发展的社会主义建设者和接班人。《国家教育事业发展"十三五"规划》在"立德树人"任务里明确提出了"增强学生生态文明素养，强化生态文明教育"的要求。生态文化培育是德育的重要组成部分，我们想要培养和践行的生态价值观是从生态文明角度出发的，以人与自然和谐相处、追求社会可持续发展为目标的一种道德观。反之，生态文明也是现代德育的基础和前提，生态文明既是继原始文明、农业文明、工业文明之后的新的文明形态，是社会发展到一定阶段后呈现的"果"，又是提升社会整体的思想道德水平、促使社会进入新一轮发展的"因"。因此，立德树人，要立关注国家时事、关心民生之德，立造福社会和子孙后代之德，树有整体协调观和系统观之人，树有大局观和可持续发展观之人。全面落实立德树人根本任务，德智体美劳全面综合发展是关键，通过生态教育提升生态文明素养是亮点，为生态文化体系的构建提供养料和积淀是途径。

《国家教育事业发展"十三五"规划》提出"把立德树人作为教育的根本任务"，强调要"强化生态文明教育，将生态文明理念融入教育全过程"。教育"十三五"规划是在我国教育总体发展水平进入世界中上行列后，为加快推进教育现代化而制定的发展规划，其关于生态教育的阐述可作为学校深入推进思想教育，落实立德树人根本任务的依据和参照。

（三）生态教育是培养社会主义核心价值观的强大推力

《国家教育事业发展"十三五"规划》强调，要"培育和践行社会主义核心价值观"，提高学生的道德品质和文化素养，"让学生成为德才兼备、全面发展的人才"。中共十八大报告提出了"三个倡导"24 字的社会主义核心价值观，涵盖国家、社会、公民三个层面，其内容与生态文明建设和生态教育紧密相关。国家要富强、和谐，必须根据每个阶段的机遇和挑战制定相契合的发展战略，在如今"绿色经济""可持续发展"大行其道的大环境下，生态环境税已于 2018 年年初开始实施，我们的产业要适当转型，资源消耗应与环境承载力相匹配。社会的法治程度也是社会先进程度的体现，当我国环境保护有法可依，并且环境保护法的内容适时修订、紧跟时代需求，我们有理由相信，社会的文明程度将明显提高。个人层面，生态素养是现代文化素养中不可或缺的重要部分，能丰富公民价值观，使之更立体、充实。

《中共中央 国务院关于加快推进生态文明建设的意见》指出，要将生态文明作为社会主义核心价值观的重要内容。从娃娃和青少年抓起，从家庭、学校教育抓起，引导全社会树立生态文明意识。把生态文明教育作为素质教育的重要内容，纳入国民教育体系。

习近平总书记提出，要引导少年儿童从小就培育和践行社会主义核心价值观。任何一个思想观念，要在全社会树立起来并长期发挥作用，就要从少年儿童抓起①。要把教育引导作为基础性工作，一是充分发挥榜样的力量；二是从娃娃抓起，从学校抓起；三是做到春风化雨，润物无声。② 而生态教育的目的和社会主义核心价值观一脉相承，都是为了建设富强民主文明和谐美丽的社会主义现代化强国。系统完善的生态教育能助推社会主义核心价值观的落地和实现。

二、生态价值观是实现可持续发展的价值观基础

自党的十八大报告明确提出加强生态文明建设的理念后，环境教育在社会生活和学校教育中都得到了愈加广泛的重视，其内涵逐渐由明确、具象的"保护环境"发展为丰富、抽象的"尊重自然，和谐共生"的生态价值观。随着"十三五"规划首次将生态文明建设列入我国的五年规划，生态文明逐渐从"热点"变成"重点"，从"新潮"变成"常态"，环境教育的内涵也逐渐从环保领域逐渐丰富至人与环境关系的生态价值观领域。环境教育的内核即新目标为：培育生态价值观，践行内化的生态文明意识，通过人与环境的和谐循环互动，实现人类社会的可持续发展。

2017 年的政府工作报告提出，要继续加大生态环境保护和治理力度。在

---

① 习近平谈治国理政［M］．北京：外文出版社，2017.
② 中共中央宣传部．习近平总书记系列重要讲话读本（2016 年版）［M］．北京：学习出版社、人民出版社，2016.

"两会"上，代表委员们关于资源环境、生态文明的建议提案大幅增多①。这是我们深刻学习领会习近平总书记提出的生态文明建设是"五位一体"布局和"四个全面"战略的精神的结果②。

生态价值观作为一种良好的社会共识，体现了人们在处理与自然关系时的价值选择，是建设生态文明的精神支柱③。在这样的背景下，对生态价值观的探索成了践行生态文明、珍惜自然、保护环境的必经之路，而生态价值观教育则为环境教育提供了更多更全面的新内容。

2017 年"两会"，"加强生态文明建设，增强可持续发展能力"成为代表们的热议话题，生态文明和环境相关问题继写进"十三五"规划后，再次成为热点。事实上，从党的十八大报告明确提出加强生态文明建设的理念后，生态文明在以"四个全面"和"五位一体"方针为指导的社会生活和经济建设中发挥着越来越重要的作用，与此同时，环境教育成为不容忽视的一个重要议题。

（一）厘清概念发展

谈到环境教育，我们应该先将相关概念理解清楚。首先是环境教育，它是以人类与环境的关系为主要内容的一种全民教育。通过培育公民的环境意识，认清生态环境在经济发展和社会生活中的重要性，从而以内化的生态价值观来对待和处理环境问题，以实现环境保护和社会的可持续发展。

环境教育从形式上来看，可分为社会环境教育和学校环境教育。社会环境教育是指在社会生活中，以宣传为主要手段进行的意识传播型教育，它的教育方式可以通过视频、画册、标语等多种方式，教育过程比较随意，教育氛围比较轻松，学习过程相对自由。而学校环境教育则比较正式，它是在各级各类学校中，以学生为对象，以课堂为载体，以环境知识为内容进行的教育，除了培养较低年级学生的环境意识外，也在较高年级学生中发掘和培养环境科学的专业后备人才。

环境教育经过近年的发展，有了两个特点，一是教育形式和手段越来越多

---

① 彭妮娅. 大学生对接受生态教育意愿强烈——大学生生态教育现状调查报告［N］. 中国教育报，2016 - 11 - 17，第 12 版.

② 中国新闻网. 陈吉宁：正积极推进环境税立法［EB/OL］. http：//www. chinanews. com/sh/2016/03 - 11/7793629. shtml，2016 - 03 - 11.

③ 人民网. 习近平十八大以来关于"生态文明"论述摘编［EB/OL］. http：//cpc. people. com. cn/n/2014/0826/c164113 - 25542941. html，2014 - 08 - 26.

样化，二是教育理念越来越聚焦。

教育形式多样化包括教育场地的多样化，施教主体的多样化，学习过程的多样化等方面。环境教育由于其全民性、终身性、实践性等特点，需要学校教育与社会教育相结合，教育部门主导，环保、宣传等部门极力配合，因此教育场地不应限于课堂上、校园内，还应该延伸到校园外、社区和家庭中，应该不拘泥于固定的场地，而是随时随地进行教育和影响。同时，环境教育的施教者也不再局限于学校教师，我们每一个社会环境的参与者都可以对身边的人起到教育作用，良好的行为习惯能带来示范作用，同时不良的陋习也能造成"破窗效应"的负面影响，这种情况下，我们更应该谨言慎行。另外，学习过程不仅是知识的习得，也可以是价值观的体验和感受，进而将价值观内化为个人意识并引导行为。

环境教育的理念愈加聚焦是伴随着研究和实践的深入而出现的结果。20世纪末，联合国教科文组织提出"为了可持续发展的教育"理念，要求把环境教育与人口和发展结合起来，这意味着环境教育不仅再局限于环境问题，而是与人类社会的发展相融合，出现了"可持续发展教育"思想，从此，环境教育开始向可持续发展教育的方向迈进。进入新世纪以后，我国的环境教育越发得到重视，尤其是随着十八大明确提出"生态文明建设"的理念后，我们的环境教育又继续向生态价值观教育聚焦。时至今日，再说到环境教育，则常常聚焦于以生态价值观教育为重点的可持续发展教育，有时，也以"生态教育"的说法代替"环境教育"。

（二）　了解教育现状

对环境教育的相关概念有了清晰的认识后，我们可以了解一下环境教育的实施现状。笔者去年所做的一项调查，反映了我国部分地区大学生态教育的现状：大学生接受生态教育的意愿强烈，对学习现状的满意度中等。具体而言，96%的受访者表示愿意接受生态教育，85%的受访者认为生态教育重要；近半数的受访者表示自己对生态教育的了解程度一般，约四成表示不了解但是听说过；目前大学生接受生态教育的途径主要是电视和媒体等社会教育，仅17%来自于学校教育；而学校教育中，约34%的高校有开设独立的生态教育选修课程，其余的高校则在相关课程中采取学科渗透的方式进行。当询问影响生态教育实施的因素时，七成受访者表示最重要的因素是社会环境，这说明即使是在学校开展的生态教育，若能受到社会大环境的支持和配合，则会事半功倍。

同时也表明了将学校教育和社会教育有机结合的重要性。

基于上述调查，我国目前的环境教育所处的阶段是：各界已认可其重要性，并在有意培养环境意识，而良好的环境意识从表面知识内化为习惯的过程还有待深入，内化行动已迫在眉睫。

与环境教育相对应的是现在的环境治理问题，当前的经济建设和发展中，生态环保的关注焦点是末端排污控制，而对公民环境意识的教育被放在次要地位，或者说在末端治理亟须正视和处理的状态下，环境意识培育被挤到了边缘地带。而实际上，源头控制才是治理环境问题的关键，对公民生态环境教育的忽视，或者决心有余、行动不足的窘况会导致环境治理陷入治标不治本的困境，同时，会在末端污染控制的效果上大打折扣。只有先做好了对具有良好生态意识的"人"的培养，让其参与到环境和发展中，才能最大程度地保证环境和经济兼顾的双赢局面。

时任环保部部长陈吉宁表示，现在人们对于环境保护和发展关系的认识正在发生变化，由过去的矛盾对立发展为如今的协调统一，也正是由于人们生态意识的日渐清晰，才认识到了好的生态环境与好的经济发展是一致的。陈吉宁部长也指出，环境教育是一个养成的过程，也是一个长期的过程，需要我们持之以恒。环境教育要从孩子抓起，要让他们知道什么是生态和绿色，要让他们知道环保的重要性。希望媒体推动环保理念的普及推广，另外环境教育还要进校园和课堂，进社区和家庭。

（三）聚焦未来方向

环保部部长关于环境教育的表态，与我们所提倡的社会教育和学校教育相结合的理念是一致的。一方面社会教育中，媒体要加强环保理念的宣传，另一方面，学校教育应面对口号多、做法少的现实情况，研究具体应该这么做。而未来的环境教育的方向则是在以媒体宣传作为外围保障，以学校教育作为核心手段的条件下，加强环境教育的有效路径探索和实践。

首先，我们应该加强环境教育从现象到本质的研究，在社会经济背景下，打破经济短期发展和生态可持续发展的矛盾，寻求经济和社会健康持续发展的理论支持和现实依据。

其次，依据环境教育是全民教育和终身教育的特点，将社会教育和学校教育结合起来，一是注重其跨学科教育的广度，采取学科渗透和多学科融合的方式，二是考虑专门的课程体系设置，在课程开发和师资培训上投入相应的力度。

最后，我们的教育行动应是全民参与，多部门联合。教育部门，应培育学生以生态价值观为重点的可持续发展意识；民众和媒体，应营造良好的将知识内化为行动的生态环境；同时，以不断完善的法律法规作为保障，推动环境保护的立法和执法顺利进行①。

我们相信，以有效的环境教育作为抓手，在多方的共同配合下，我们不仅能拥有绿水青山，也能收获金山银山②。

三、生态教育是对马克思生态观和习近平生态文明思想的实践

（一）马克思生态观对生态教育的指导意义

马克思主义是我党从事一切工作的思想基础和理论前提，是非常有价值和影响力的精神财富，它创造性地揭示了人类社会发展规律。马克思的自然观中包含了丰富的生态价值观内容，是我们进行生态文明建设和生态教育应该遵循的价值准则。马克思生态观可以从生态伦理观、生态整体观和自然价值观三方面来阐释。马克思生态伦理观是"人与自然和解"的伦理学，马克思认为人类不是自然的主人，人类与自然是相辅相成的关系。这为人与自然关系的"二元"对立论向"一元"统一论发展提供了理论基础。马克思生态整体观的基本原则是建立人工生态系统的平衡，要"人—自然—社会"三者融洽整合、良性互动、协调发展。马克思的自然价值观的核心是人与自然是相互作用的关系，维护人与自然的统一和谐是其根本立场。马克思的生态价值观中所折射出的生态智慧既体现了唯物主义与辩证法的统一，又体现了自然观与历史观的统一。③

马克思生态观是我们进行生态教育时，应作为指导思想的发展观和权益

---

① 中国新闻网. 陈吉宁：正积极推进环境税立法 ［EB/OL］. http：//www. chinanews. com/sh/2016/03－11/7793629. shtml, 2016－03－11.

② 人民网. 习近平十八大以来关于"生态文明"论述摘编 ［EB/OL］. http：//cpc. people. com. cn/n/2014/0826/c164113－25542941. html, 2014－08－26.

③ 李承宗. 马克思与罗尔斯顿生态价值观之比较 ［J］. 北京大学学报（哲学社会科学版），2008，45（3）.

观。马克思曾提出，要通过尊重和善待自然环境来实现可持续发展，我们留给后代的土地不应该是被污染了的土地，不尊重自然环境、不考虑可持续发展的劳动是有害的劳动。马克思指出，只有共产主义才能消灭劳动异化现象，联合起来的生产者，会考虑调节人与自然之间的物质交换形式，用最小的能量消耗实现自我发展。马克思描绘了绿色发展的图景与实现该图景的保证制度，即共产主义。马克思的生态发展观让我们了解了实践生态文明对于人类社会发展的必要性，是我们作为当代文明社会的建设者的责任之所在，马克思的生态权益观则表明了生态文明与我们每个人的紧密关系。[1] 马克思认为，人的自由而全面的发展是每个人应该保障的根本权益，而生态权益是人权的重要组成部分，利用和享受自然资源的权利贯穿于个体从出生到死亡的全过程，也贯穿于人类社会从诞生到发展再到消亡的全过程，我们若要使自身享受和利用自然资源的根本权益不受侵害，就要保护好自然资源，合理利用，有节制地开发，不仅要保障自身的生态权益，还要保障所有劳动者的生态权益，以及保障未来人类社会发展的权益，以实现无产阶级和所有劳动者的自由而全面的发展。

马克思生态观告诉我们，人与自然要和谐相处，人类可以开发和利用自然，同时也要尊重和保护自然。我们可以从自然中获得所需，但切不能过度攫取。自然系统和人类社会系统是运动、发展的协调系统，自然反馈我们的方式，必然与我们对待自然的方式相一致。对自然的价值认识，不仅反映社会生态文明的程度，也可以折射其文化和经济的发达程度。

马克思生态观是我们进行生态教育的思想基础、理论基础和实践基础，是科学的生态价值观的来源，是进行生态文明思想宣传和教育的旗帜，更是我们寻求绿色发展、探索共享经济、实现人类社会可持续发展的基石。我们进行生态教育，要以马克思主义基本理论和马克思生态观为指导，在构建人类命运共同体的背景下，走新时代中国特色社会主义之路。

（二）习近平生态文明思想对生态教育的指导意义

习近平同志在是深入领会马克思主义思想和马克思生态观的基础上，结合中国现实，提出了习近平生态文明思想。习近平生态文明思想融汇了东西方文化的精髓，是对中国传统文化的吸收和弘扬，也汲取了马克思主义的生态哲学思想，是中国共产党人对生态文明建设探索的最新理论成果。2018 年 3 月 11

---

[1]　方世南. 马克思主义生态观的时代发展 ［N］. 光明日报，2018－06－22，第 11 版.

日，习近平新时代中国特色社会主义思想载入宪法，"八个明确、十四个坚持"概括了中国特色社会主义进入新时代后，我党的新目标和新使命，其中就有"坚持人与自然和谐共生""坚持推动构建人类命运共同体"的表述。人与自然的和谐共生离不开生态文明建设作保障，在命运共同体中寻求人类世界和平发展，要重视人类只有一个地球的有限资源，以可持续发展观带动经济和社会的长效发展。2018年全面生态环境保护大会召开，习近平提出要全面加强生态环境保护，并就新时代三大攻坚战之一的"打好污染防治攻坚战"做出了系统部署和安排，"十大观念"和"五大体系"的提出，丰富了习近平生态文明思想的内涵，确立了其体系架构，也为生态教育的实践指明了方向。

1. 习近平生态文明思想"十大观念"对生态教育的指导意义

习近平生态文明思想的"十大观念"包括："生态兴则文明兴"的历史观、"生态文明建设既是经济问题也是政治问题"的政治观、"人与自然和谐共生"的自然观、"绿水青山就是金山银山"的发展观、"良好生态环境是最普惠的民生福祉"的民生观、"保护生态环境就是保护生产力"的经济观、"山水林田湖草是生命共同体"的系统观、"实行最严格生态环境保护制度"的法治观、"共同建设美丽中国"的行动观、"共谋全球生态文明建设之路"的全球观。

新时代发展生态教育，应以其生态历史观和政治观作为旗帜，端正态度、明确思想、坚定方向，将生态教育作为践行生态文明建设的重要途径和推手，义无反顾地坚持；以生态自然观、经济观和系统观作为生态教育的主要内容，为培养科学的生态素养、开发生态经济、发展生态技术打好基础；以生态发展观和民生观作为目标，让大家明白保护是为了发展得更好，限制是为了发展得更久，一切发展都是为了人民的利益；以生态法治观和行动观作为保障，以体制机制的建设和法治的健全作为生态实践和生态教育的良好背景，以全民共同参与、共襄盛举的决心作为确保生态文明建设成果的强大后盾；以全球观作为发展视野和长效机制，以构建人类命运共同体和谋求全球可持续发展作为生态教育的远景目标。

2. 习近平生态文明思想"五大体系"对生态教育的指导意义

习近平生态文明思想"五大体系"指：建立健全以生态价值观念为准则的生态文化体系，以产业生态化和生态产业化为主体的生态经济体系，以改善生态环境质量为核心的目标责任体系，以治理体系和治理能力现代化为保障的生态文明制度体系，以生态系统良性循环和环境风险有效防控为重点的生态安全体系。五大体系各自独立又相互联系，共同组成生态文明建设的体系架构。

习近平生态文明思想"五大体系"对生态教育的指导意义主要在两方面，一是宏观方面，"五大体系"明确了生态文明建设的抓手和实践途径，是生态教育的施教者应该弄懂、学通，并学以致用、贯穿于教学教研全过程的思想基础和行为准则。二是微观方面，基于该五大体系的建立和启发，生态教育应该探索和建立生态教育体系，主要包括学科体系、课程体系、教师体系等。一要充分利用高等教育生态学被调整为一级学科的契机，做好相关二级学科的建设，兼顾生态学专业教育和通识教育的发展需求，带动生态学的学科体系建设。二要深入落实基础教育课程改革，探索基础教育阶段生态教育的课程建设和开发，把握好中小学生态教育与德育、生物、地理等相关学科课程的关系，既融合渗透，又开发专门的生态教育课程和教材，以中小学生态教育课程规范的形成带动课程体系的建立。三要加强生态学的专业教师培养，包括专业教育教师与通识教育教师，深入领会 2018 年中央 4 号文件《关于全面深化新时代教师队伍建设改革的意见》，积极探索生态教育教师队伍建设的途径，以数量充足、结构合理、水平优异的生态教育教师队伍，满足生态教育的师资需求和教师体系建立。

第三章　生态教育的理论发展

一、马克思主义生态文明理论是生态教育的理论基础

生态文明理论是马克思主义的重要组成部分。它从人与自然之间的生态关系出发，奠定了资本主义生态批判理论，形成了马克思主义生态文明理论的逻辑结构，以"人同自然的和解以及人同本身的和解"为逻辑归宿，深入回答了"人类社会往何处去"这一时代课题。马克思主义生态文明理论是生态文明建设的思想基础，也是我们实践生态教育的理论基础。

（一）马克思主义生态文明思想的哲学基础是辩证唯物主义自然观

马克思主义生态文明思想在批判吸收前人的研究成果上发展而成，其以辩证唯物主义的自然观为基础，对 19 世纪自然社会科学的研究成果进行综合和吸收，最终站在唯物主义的立场，以辩证的思维方式解读人与自然的关系。

马克思主义的生态文明思想以实践的观点科学解读了人与自然的关系问题。它的哲学基础是辩证唯物主义的自然观，主要内容有以下三个方面。

首先，人与自然存在共生性。人类属于自然界，是自然的存在物。人类的生存依赖自然界。就人类的发展而言，人类是自然长期进化、发展到一定阶段的产物。劳动促进人类的生理和心理的不断进化，使人类逐渐获得了社会属性，而人的自然属性也逐渐演变为社会化的自然属性。

其次，实践是人类与自然实现有机统一的中间媒介。马克思主义认为实践是人的存在方式。实践的内涵包括人与自然的改造活动、人与人的社会关系活动、科学实验三个基本形式。人类按照自身的需要对自然界的客观事物进行加工改造，创造出符合自身利益的物质。而这种改造需要"按照美的规律来塑

造"，当这种"规律"出现偏差，人类与自然之间的物质和能量交换反而会成为危害人类的潜在因素，生态问题就是其中之一。

再次，人与自然的关系与人与人的社会关系相互制约。马克思在《资本论》中以私有制为例，揭示了私有制造成生态环境问题的过程。马克思主义生态文明思想指明了人与自然的关系：一方面，人是自然界的重要组成部分，人的生存与发展都依赖于自然而进行；另一方面，人与自然通过实践发生联系，人们之间的社会关系和人与自然之间的关系相互制约。人类不可能也不应该凌驾于自然之上，而应该尊重自然、保护自然、利用自然、服务自然，让人类与自然和谐地、可持续地发展。

（二）马克思主义生态文明思想的构建与内涵

马克思主义奠定了现代生态学及整个世界体系知识的世界观和方法论基础。马克思主义生态观是我们进行生态教育应秉持的基本原则。

我们应坚持人与自然和谐统一的生态价值观。在马克思主义世界观中，人与自然是一个统一的有机整体，人与自然不是孤立或对立的存在。马克思主义揭示了人与自然关系的本质所在，从哲学上科学奠定了正确的自然观。首先，人类是自然界发展到一定阶段的产物。恩格斯坚持历史唯物主义解释了人类的起源，强调从最初动物的形成到逐步分化出无数的纲目科属种，从低等动物到脊椎动物的发展，从脊椎动物到从自然界获得自我意识的人的雏形，该过程是人类起源的发展过程。恩格斯的这种观点与达尔文的进化论有异曲同工之妙，即先有自然后有人，人类是自然发展到一定阶段的产物。其次，自然界是人类的无机身体。马克思强调，人和动物一样，事实上都靠无机界生活，靠自然产品才能生存繁衍。自然界为人类提供了必不可少的物质生活资料，甚至精神给养，是人类生存与发展的基础。这种人与自然的协同发展关系，将自然生态价值视为人的价值实现的基础，既是马克思唯物主义本体论的基本观点，也是唯物论生态意蕴的直接体现。

我们应理解互为对象性关系的生态主体观。首先，人以自然界为对象，形成人化自然。其次，自然界以人为对象，形成自然化的人。最后，在人与自然的关系中，人处于主体能动性地位。马克思从自在自然与人化自然两个方面来理解自然概念，前者在时间属性上不仅贯穿而且超越人类历史发展，而后者则与人类的认识、实践密切相连，是人类认识和实践的对象。人类通过自然来实现自身目的的同时，也促进人的发展。人与动物对自然的适应有着本质区别，人具有主体能动性，可以通过制造工具、以创造性的劳动方式主动地适应自然的发展变化；而动物则对自然的适应仅仅依靠自身特点或者完全出于本能。人类具有高度智慧和较强的自我意识，人的行为具有计划性和目的性，不仅为自己生产，也通过交换活动为他人生产。马克思主义的人化自然观从自然更好地服务于人类的角度，更加强调人的主体能动性。

我们应践行可持续发展的生态生产力观。马克思生产力理论的一项重要内容是自然生产力思想。马克思认为人类开发利用自然维持生命活动，需要坚持适度、合理的原则，不能贪婪无节制。其对传统生产力观提出了几个方面的反思：一是传统生产力观认为自然资源是取之不尽用之不竭的观点是不切实际的论断，二是追求极力控制自然、征服自然的想法是不科学的，三是过分追求经济增长成效，重 GDP 轻环境的做法是不可取的。基于此，我们应该使传统生产力观向生态生产力观转化，尊重自然法则，坚持开发自然与保护自然并举。一是在充分认识自然界的前提下，合理利用自然，为人类生存和发展获取资源，创造财富，二是坚持人与自然和谐共生，既满足我们的发展需要，也为子孙后代的生存发展保留足够的可持续发展空间。

我们应贯穿稳定平衡的生态整体观。生态系统是一个整体，不应人为地割裂开来或对立起来。一方面，自然中心主义或人类中心主义有各自的可取之处，前者强调自然作为各项资源的储备空间，在人类社会发展中具有的基础性作用；后者强调人的主观能动性，强调人之所以成为人的区别于低等动物之所在。但其二者也各自有不足之处，即只肯定了自身的优势，却忽视了对方的所长。实际上，自然或人类都不是社会的中心，而应是大系统中的重要组成部分，自然为人类提供资源以满足人类的生存和发展需求，人类改造和利用自然同时保护自然，使其能更长久地维持良好的状态，二者相互依存，共同发展，实现人类社会的进步和持续繁荣，缺一不可。人类和自然的共同发展，物质交换是维持能量平衡的重要形式，从唯物主义的观点来看，任何一种物质都不会凭空产生或消失，它只会以不同的存在形式在自然界进行能量循环和转换。若我们对自然过度攫取，甚至肆意破环，自然终将会对我们施以报复。因此，我们应将稳定平衡的生态整体观贯穿到底，用生态系统的稳定能量交换获得整体的长效发展。

（三）马克思主义生态文明思想对当代生态文明建设的启示

第一，要学习人类社会发展规律，坚持造福人民的思想。学习和实践马克思主义关于人类社会发展规律的思想，遵循文明与生态的基本规律，对中华文明悠久灿烂历史文明负责，对中华文明的子孙后代负责，更好地保护生态环境，建设生态文明。要恪守"良好的生态环境是最普惠的民生福祉"的基本原则，坚持以人民为中心的思想。良好的生态环境，是人民生存和发展的前提和基础，要学习马克思关于文化建设的思想，建设生态文明。要从良好生态环境是事关重大公共服务、重要民生福祉的战略高度，坚决摒弃唯 GDP 论英雄的狭隘政绩观和民生观，把保护自然生态系统工程作为履行生态文明的基本职责。学习人类社会发展的规律，遵循人类社会与自然系统和谐共处的平等互利原则，保护人类赖以生存和发展的自然环境，造福人民。

第二，要坚持系统整体的生态大局观，坚持长远发展。一方面在城乡融合发展的契机中，实现生态平衡。另一方面发挥制度优势，建立创建生态文明的体制机制。改革开放以来，我国城乡融合发展取得了明显成效，也积累了丰富的经验，但依然存在一些问题。乡村振兴战略的提出，为城乡融合发展和生态文明实践提供了新的机遇。在制定乡村振兴规划时，要贯穿生态理念，以生态产业发展推动乡村振兴，在实施乡村振兴战略过程中实现生态平衡。同时，建立完善推进城乡生态平衡建设的工作机制。以修订后的《中华人民共和国环境保护法》为依据，推进生态法治建设。地方各级人民政府应当对本行政区域的环境质量负责。企业事业单位和其他生产经营者应当防止、减少环境污染和生态破坏，对所造成的损害依法承担责任。公民应当增强环境保护意识，采取低碳、节俭的生活方式，自觉履行环境保护义务。各方面应共同努力，推进生态文明建设，促进经济社会可持续发展。

二、习近平生态文明思想为新时代生态教育指明方向

（一）习近平生态文明思想的理论特征

1. 深厚的理论渊源

习近平生态文明思想是将西方生态文明理论和我国传统生态思想结合的产物，其理论渊源深厚，理论特征明晰。它是对马克思生态文明思想的延伸和发展，以马克思历史唯物论为基础，紧扣生产力、生产关系、经济基础和上层建筑三个层次，关注生产力和生产关系之间的关系、经济基础和上层建筑之间的

关系，研究生产关系要适应生产性质的规律。除了马克思生态思想以外，我国传统的生态思想也是习近平生态思想的理论渊源。儒家"天人合一"思想、道家"道法自然"思想、庄子"人性自然"学说等，都显示了我国传统文化源远流长的特质。在"天地与我并生，而万物与我为一"，"故道大，天大，地大，人亦大。域中有四大，而人居其一焉。人法地，地法天，天法道，道法自然。"等传统思想的影响下，习近平生态文明思想吸收了人与自然协调、统一的发展的精华，将传统文化发扬光大。

2. 清晰的理论逻辑

习近平生态文明思想的理论逻辑通过"两山论"得到了较好诠释。对于经济发展和生态环境的关系可以用三个层面描述。第一，"既要绿水青山，也要金山银山"，说明了生态和经济都是我们关注的重点，我们应该双管齐下，两方面都抓好，既保护好生态环境，留得绿水青山，也发展经济，获得金山银山。第二，"宁要绿水青山，不要金山银山"，说明以牺牲环境为代价来换取一时的经济发展是不可取的，若二者不可兼得时，那我们宁肯选择保护生态环境，而不是发展经济，说明了生态环境对于人类经济和社会的发展都至关重要。第三，"绿水青山就是金山银山"，说明了保护生态的本质就是保护人类自身和未来发展潜力。生态保护和经济发展不仅不矛盾，而且还是融合的一体，保护生态既保护了经济赖以发展的资源和环境，还可以开创一条新的资源节约型的产业模式，寻求经济社会的可持续发展。以上三个层面的转化，表明了习近平生态文明思想的理论逻辑，分析了生态保护与经济发展之间的看似对立、实则统一的复杂关系。

3. 符合现实的理论价值

习近平生态文明思想丰富了马克思主义生态文明思想，将人与自然的协调发展关系进行了深化和延续，结合中国现实总结了中国经验，指出了建设中国特色社会主义生态文明的道路。走绿色经济发展道路，转变传统的经济发展方式，建设资源节约型、生态友好型社会是当前我国发展的方向。党的十八大提出了建设美丽中国的任务，强调把生态文明建设放在突出地位，将其与经济建设、政治建设、文化建设和社会建设协调发展，融入到社会主义建设的各个方面。"五位一体"发展理念是符合我国国情的实践经验，为建设人类命运共同体的伟大工程奉献了中国智慧。"生态兴则文明兴，生态衰则文明衰"代表了习近平生态文明思想的精髓，也体现了参与全球治理体系的过程中我们的大国精神和担当。

（二）习近平生态文明思想的时代发展

党的十八大明确提出大力推进生态文明建设，实现中华民族永续发展。这标志着我们对中国特色社会主义规律认识的进一步深化，表明了我们加强生态文明建设的坚定意志和坚强决心。党的十九大提出要"加快生态文明体制改革，建设美丽中国"。为了满足人们日益增长的优美生态环境的需要，我们需要加强生态文明建设的总体设计和组织领导，推动生态文明建设新格局。

2010 年，习近平在博鳌亚洲论坛年会开幕式上提出，要大力弘扬生态文明理念和环保意识，使坚持绿色发展、绿色消费和绿色生活方式，呵护人类共有的地球家园，成为每个社会成员的自觉行动。2011 年，习近平在贵州考察时提出，要进一步强化生态文明观念，努力形成尊重自然、热爱自然、善待自然的良好氛围。2013 年，十八届中央政治局第六次集体学习时，习近平强调要加强生态文明宣传教育，增强全民节约意识、环保意识、生态意识，营造爱护生态环境的良好风气。2016 年 12 月，他主持召开中央财经领导小组会议研究普遍推行垃圾分类制度，强调要加快建立分类投放、分类收集、分类运输、分类处理的垃圾处理系统，形成以法治为基础、政府推动、全民参与、城乡统筹、因地制宜的垃圾分类制度，努力提高垃圾分类制度覆盖范围。习近平还多次实地了解基层开展垃圾分类工作情况，并对这项工作提出明确要求。2017 年，十八届中央政治局第四十一次集体学习时，习近平指出要加强生态文明宣传教育，强化公民环境意识，推动形成节约适度、绿色低碳、文明健康的生活方式和消费模式，形成全社会共同参与的良好风尚。2018 年全国生态环境保护大会上，习近平对全面加强生态环境保护做出了系统科学的部署，提出加快构建生态文明体系，加快建立健全以生态价值观念为准则的生态文化体系，以"十大观念"丰富了习近平生态文明思想的内涵，以"五大体系"确立了其体系架构。2019 年世界园艺博览会开幕式上，习近平强调生态文明建设已经纳入中国国家发展总体布局，建设美丽中国已经成为中国人民心向往之的奋斗目标。中国生态文明建设进入了快车道，天更蓝、山更绿、水更清将不断展现在世人面前。纵观人类文明发展史，生态兴则文明兴，生态衰则文明衰。工业化进程创造了前所未有的物质财富，也产生了难以弥补的生态创伤。杀鸡取卵、竭泽而渔的发展方式走到了尽头，顺应自然、保护生态的绿色发展昭示着未来。2019 年 6 月，习近平对垃圾分类工作作出重要指示。他强调，实行垃圾分类，关系广大人民群众生活环境，关系节约使用资源，也是社会文明水平的一个重要体现。推行垃圾分类，关键是要加强科学管理、形成长效机制、推动习惯养成。要加强引导、因地制宜、持续推进，把工作做细做实，持之以恒抓下去。要开展广泛的教育引导工作，让广大人民群众认识到实行垃圾分类的重要性和必要性，通过有效的督促引导，让更多人行动起来，培养垃圾分类的好习惯，全社会人人动手，一起来为改善生活环境做努力，一起来为绿色发展、可持续发展做贡献。以上过程体现了我国生态文明政策和习近平生态文明思想从理论高度到实践落地的丰富和发展。

习近平生态文明思想体现了"五位一体"战略布局的科学思维。首先是人与自然、人与人、人与社会之间的协调发展。人类在从事生产劳动的初期，对自然的利用和改造都是简单、初级的，随着人类的技术水平的提升，对自然的利用程度大幅提升，改造力度也空前增长，由此也引发了人类发展的无限欲望与自然资源承载有限能力的潜在矛盾。因此有必要考虑人与自然的协调发展。人与人之间的关系也随着社会的发展变得更加复杂，一方面由于信息渠道的丰富使得人们的信息较易获取和暴露，在网络上人与人之间都是"零距离"；同时又由于人们的忙碌和快节奏的生活方式，使得面对面的交流越来越少，人们之间越发警觉、陌生。这种极其矛盾的人际关系的趋势，使得我们有必要重新审视人与人在分工合作的过程中，应有的和谐的相处模式。随着生产分工的细化和生产规模的扩大，简单的分工协作关系已经不能满足人类发展的需要，人们必须通过一定的社会关系组织起来，更好地发挥不同人群在开发利用自然过程中的整体效应，而这一过程必然呈现出一定的社会关系，即人与社会的关系。上述关系也是生态文明建设实践的重要内容。其次是城乡之间、区域之间的协调发展。主要指统筹协调经济发展与环境保护的关系。我国目前经济相对落后的地区大多位于西部，也是自然资源相对丰富、生态环境受到人为影响较小的区域，而农村地区由于地理位置较为偏僻，农村剩余劳动力进城务工，自然环境也受到了保护。而在西部开发和农村发展战略中，区域的开放和人口流动会加重对环境的影响，如果不提前注重保护，会造成开发过程中的自然资源破坏和环境污染，会对生态造成很大的影响。因此在发展经济的过程中，生态环境也应受到重视，不能重经济、轻生态，更不能以牺牲环境为代价换取眼前的经济增长，而要获得区域之间的经济和环境的协调发展。

习近平生态文明思想推进绿色发展，体现时代价值。坚持绿色发展是实现发展观更新换代、推陈出新的一场深刻革命，习近平总书记在各类场合中关于生态文明建设、绿色发展、生态治理方面的论述，使得绿色发展理念已深入人心。习近平总书记指出，绿色发展既是理念又是举措，既要完善制度和法律推动绿色发展，还要依靠科技创新破解绿色发展难题，推广普及清洁生产工艺和绿色技术，大力扶持生态产业，形成人与自然和谐发展新格局。

（三）习近平生态文明思想的实践意义

1. 建设美丽中国，构建生态文明体系

2018 年的全国生态环境保护大会上，习近平总书记提出要加快构建生态文明体系，包括建立健全以生态价值观念为准则的生态文化体系，以产业生态化和生态产业化为主体的生态经济体系，以改善生态环境质量为核心的目标责任体系，以治理体系和治理能力现代化为保障的生态文明制度体系，以生态系统良性循环和环境风险有效防控为重点的生态安全体系。这些论述首次从理论和实践层面揭示了生态文明体系内部的五大子体系，指明了新时代生态文明建设的基础和方向。

生态文化是生态文明建设的灵魂，要大力倡导生态伦理和生态道德，提倡先进的生态价值观和生态审美观，只有当绿色环保的理念深入人心，生态文化才能真正发挥出它的作用。生态经济体系是生态文明建设的物质基础，只有坚持正确的发展理念和发展方式，才可以实现百姓富、生态美的有机统一。目标责任体系为生态文明建设确认使命，生态环保目标落实得好坏与否的关键是领导干部，要建立责任追究制度，对那些不顾生态环境盲目决策、造成严重后果的人，必须终身追究其责任。生态文明制度和法治为生态文明建设提供可靠保障，建立健全"以治理体系和治理能力现代化为保障的生态文明制度体系"，要从治理手段入手，提高治理能力，把体现生态文明建设状况的指标纳入经济社会发展评价体系，建立体现生态文明要求的目标体系、考核办法、奖惩机制，使之成为推进生态文明建设的重要导向和约束。生态安全体系为新时代生态文明建设划定红线，生态安全关系人民群众福祉、经济社会可持续发展和社会长久稳定，是国家安全体系的重要基石。要维护生态系统的完整性、稳定性和功能性，遵循生态系统多样性、整体性及其内在规律，加大生态系统保护与修复力度，确保生态系统的良性循环；要处理好涉及生态环境的重大问题，包括资源环境瓶颈、生态承载力不足等问题，把生态环境风险纳入常态化管理，系统构建全过程、多层级生态环境风险防范体系，真正做到有效防控。

2. 走可持续发展之路

2017 年 8 月 21 日，《中国落实 2030 年可持续发展议程进展报告》发布，习近平总书记指出，落实可持续发展议程是当前国际发展合作的共同任务，也是国际社会的共同责任。中国将坚持不懈落实可持续发展议程，推动国家发展不断朝着更高质量、更有效率、更加公平、更可持续的方向前进。我们要立足自身国情，把可持续发展议程同本国发展战略有效对接，持之以恒加以推进，探索出一条经济、社会、环境协调并进的可持续发展之路。可持续发展，是相对不可持续发展来讲的。可持续发展来源于对过去发展的不可持续性的基础上，过去不可持续的发展使得人类生存的家园发生了灾难性的变化。可持续发展目标呼吁所有不论处于何种收入水平的国家都行动起来，在促进经济繁荣的同时保护地球。可持续发展的 17 个目标中，目标 7 为"确保人人获得负担得起的、可靠和可持续的现代能源"，目标 11 为"建设包容、安全、有抵御灾害能力和可持续的城市和人类住区"，目标 13 为"采取紧急行动应对气候变化及其影响"，这些都是与生态密切相关的内容。

3. 建设人类命运共同体

2018 年 3 月 11 日，第十三届全国人民代表大会第一次会议通过的宪法修正案，提出"推动构建人类命运共同体"。旨在追求本国利益时兼顾他国合理关切，在谋求本国发展中促进各国共同发展。人类只有一个地球，各国共处一个世界，要倡导"人类命运共同体"意识。习近平就任总书记后首次会见外国人士就表示，国际社会日益成为一个你中有我、我中有你的"命运共同体"，面对世界经济的复杂形势和全球性问题，任何国家都不可能独善其身。"命运共同体"是中国政府反复强调的关于人类社会的新理念。2011 年《中国的和平发展》白皮书提出，要以"命运共同体"的新视角，寻求人类共同利益和共同价值的新内涵。人类命运共同体的价值观亦包含了可持续发展观。气候变化带来的冰川融化、降水失调、海平面上升等问题，不仅给小岛国带来灭顶之灾，也将给世界数十个沿海发达城市造成极大危害。资源能源短缺涉及人类文明能否延续，环境污染导致怪病多发并跨境流行。面对越来越多的全球性问题，人们对共同利益也有了新的认识。坚持从人类的共同命运出发，走可持续发展的道路，实现人类社会的共同持续繁荣，也是习近平生态文明思想对实践的指导意义之所在。

三、德育体系的构建和完善为生态教育发展提供契机

（一）德育体系的完善为生态教育提供良好的教育环境

生态教育的发展完善依赖于生态教育体系的构建健全，而生态教育体系不是单独孤立的一个系统，它属于德育大体系中，德育体系的发展完善能为生态教育提供良好的教育环境，深入促进生态教育的丰富和落实。

德育是系统地培养受教育者思想品德的活动，在我国各类教育活动中居于首要地位。《国家中长期教育改革和发展规划纲要（2010－2020年）》提出要"构建大中小学有效衔接的德育体系""增强德育工作的针对性和实效性"。当前我国学校的德育课程体系包括纵横两个维度。纵向主要是指不同教育阶段的学校德育课程，主要包括小学德育课程、中学德育课程、大学德育课程，横向方面主要指各教育阶段学校德育课程所包含的基本内容，包括思想教育、政治教育、道德教育、法治教育和心理健康教育等。

我国现行德育体系具有以下特点：

一是德育课程体系逐渐发展。我国现行的德育课程体系中，中小学德育课程设置原来主要依据教育部2002年颁布的中小学德育课程标准。2003年对该标准修订后，2005年教育部下发了《教育部关于整体规划大中小学德育体系的意见》，对中小学课程设置增添了新的内容提法。2016年教育部发出通知，进一步将义务教育阶段的德育课统一更改为"道德与法治"课程。目前，我国义务教育阶段主要开设"道德与法治"课程，高中阶段开设"思想政治"类课程。大学德育课程根据2005年《中共中央　国务院关于进一步加强和改进大学生思想政治教育的意见》来设置。当前我国大中小衔接的德育课程体系考虑了人的品德构成和道德发展的规律，也考虑了个人思维发展的阶段性规律，包含对学生品德认知、情感、意志、信念的要求，也注重学生思想品德的践行和养成。同时对这四种心理要素的培养在各学段有其侧重点，低年级学段侧重道德情感的体验、道德意志的锻炼，高年级学段则侧重道德认知的强化和道德行为的培养。

二是课程的整体衔接有待完善。虽然我国德育课程基本形成了大中小衔接的体系，但是课程整体规划还有待完善。由于我国不同学段的德育课程具体内

容的选择及其相应教材的编写分别由不同的教育主管部门负责，这就导致了同一学段内的德育课程自成体系，但不同学段之间的德育课程缺乏整体规划和有效衔接。小学阶段主要是公民基本道德素质教育，中学阶段主要是思想品德、思想政治类的课程培养，而大学阶段的学科逻辑更注重德育内容的逻辑性和系统性。各学段的教学内容衔接不够紧密，内容有待丰富，小学阶段还应围绕与少年儿童生活紧密关联的六大生活领域开展教学，中学应依据从个人、家庭、学校到社会、国家、世界的思路，逐渐向外扩展，大学则应将教学内容从学科逻辑扩展到生活逻辑中，与学生的日常生活保持紧密联系，从生活中感受、从实践中习得。除了各学段教学内容的整体规划外，各学段培养目标的递进性也有待加强。一方面培养目标要清晰、逐渐深入，避免断层和重复；另一方面各学段的目标不是简单的并列，而是有依据、有计划地逐步上升。

（二）生态文明教育是立德树人的重要内容

习近平总书记在 2018 年全国教育大会上强调，要坚持立德树人，解决培养什么人、怎么培养人、为谁培养人这一个根本问题。立德树人，在实现"两个一百年"奋斗目标的进程中显得尤为重要。一方面，要教育引导学生树立高远志向，做到明大德、守公德、严私德，历练敢于担当、不懈奋斗的精神，做到刚健有为、自强不息，秉承求真理、悟道理、明事理的精神，心无旁骛求知问学，增长见识；另一方面，也要让学生在实践中增强体质、享受乐趣、健全人格、磨炼意志，坚定理想信念，把自己的人生追求同国家发展进步、祖国命运和人民伟大实践紧密结合起来。

《国家教育事业发展"十三五"规划》提出，我国教育事业发展要坚持立德树人的基本原则，把立德树人作为根本任务，全面提升育人水平。教育"十三五"规划的立德树人根本任务里，明确提出了"增强学生生态文明素养"的要求，要强化生态文明教育，将生态文明理念融入教育全过程，鼓励学校开发生态文明相关课程，加强资源环境方面的国情与世情教育，普及生态文明法律法规和科学知识。广泛开展可持续发展教育，深化节水、节电、节粮教育，引导学生厉行节约、反对浪费，树立尊重自然、顺应自然和保护自然的生态文明意识，形成可持续发展理念、知识和能力，践行勤俭节约、绿色低碳、文明健康的生活方式，引领社会绿色风尚。生态文明教育被写进国家教育发展规划，成了立德树人的重要内容。

在建立健全立德树人合力保障机制的背景下，生态教育的保障机制也应一并健全。首先，加强教师队伍建设，努力锻造一支师德高尚、业务精良、结构合理的高素质生态教育教师队伍。生态教育由于其内容涉及多学科的交叉，现有教师队伍的学科背景较复杂，生态学等自然科学与思想品德等社会科学都有与生态教育相关的内容，但是知识角度不同。同时，生态学成为一级学科的时间尚短，相关专业师范生的培养才刚起步，各种因素使得生态教育专业教师存在缺口，我们亟须一大批专业的生态教育教师。同时，要搭建事业平台，吸引优秀师资，形成教师人人尽展其才、好教师不断涌现的良好局面。其次，紧密围绕培养社会主义建设者和接班人的根本任务，坚持全员育人、全程育人、全方位育人理念，构建校内校外、课内课外、网上网下协同育人的"同心结"。除了学校教育是生态教育的重要组成部分以外，社会生态教育也是不可或缺的部分，甚至更能在日常生活中发挥作用。一方面要重视家庭教育的力量，以家长的言传身教为基础，形成家教结合的良好局面；一方面重视社会文化环境和舆论的力量，依托社区学校的有利资源，营造全民共建生态社会的文化环境；同时，在"互联网＋"的信息化背景下，重视网络监管，打造网络平台，净化网络环境，充分利用网络资源进行体验和学习。

（三）培养德智体美劳全面发展的人，实现人的可持续发展

习近平总书记在 2018 年全国教育大会上强调，要坚持中国特色社会主义教育发展道路，培养德智体美劳全面发展的社会主义建设者和接班人。党的十八大明确提出大力推进生态文明建设，实现中华民族永续发展。

德智体美劳全面发展，离不开生态教育的贯彻落实。首先，生态教育属于德育的范畴，是新时代"五位一体"发展理念下德育的重要组成部分。它不仅能促进生态文明建设，加快构建生态文化体系，还能丰富和充实德育的内容和结构，使德育成为引领新时代教育体系的重头戏。其次，生态知识既含有自然科学知识，也包含与人类社会发展有关的社会科学知识，能丰富人的知识体系，提升智力和学识水平。再次，生态实践活动的参与能磨练意志、强身健体，充分发挥体育的运动精神，让学生体验团队协作，提升人际交往能力。同时生态实践活动中也有很多需要亲自参加的劳动，能为新时期劳动教育提供机会。最后，人与生态的和谐共处，也能从美育出发，培养学生对于美的认识和感悟，对人与自然的和谐平衡关系的认知和维护能提升学生们的审美情操，扩充美育的切入角度。总之，生态教育与德、智、体、美、劳的各方面都密切相关，它们互相融合、互相促进，培养德智体美劳全面发展的人既是生态教育的

背景和依托，也是其目标和方向。

    生态教育能从内部和外部两方面共同促进人的可持续发展，一是培养人的可持续发展观念和能力，夯实人的可持续发展内核；二是管理自然资源的开发形式和力度，营造社会的可持续发展环境。人的可持续发展需要几方面的合力：一是可持续发展的意愿，二是可持续发展的能力。意愿可通过生态价值观的培养来实现，能力则需要通过不断的学习和培训来提升，使其能适应各阶段的发展要求。良好的生态教育对社会产生的影响便是良好的生产生活环境的营造和保护，当我们的主要经济支柱是生态产业，主流文化是绿色文化，主要生活方式是低碳生活，我们的可持续发展环境便已营造成功，而全社会走可持续发展之路也已不远。除了观念的渗透外，生态技术的发展是不可或缺的一方面，能在相关产业的发展中起到决定性作用，这就离不开生态科学的教育。只有将生态科学知识放到举足轻重的地位，大力培养相关高精尖人才，才能避免空有一腔生态思维，而缺乏技术无法实现的窘境，也能避免由于技术的落后对环境造成误伤，真正实现从思维到观念，从文化到技术，从个体到社会的全面可持续发展。

第四章 生态教育的政策发展

一、生态文明建设的政策发展

生态教育的发展历程是以生态文明建设发展历程为背景和前提的。1972年，我国代表团出席联合国在瑞典首都斯德哥尔摩召开的第一次人类环境会议，并参与《人类环境宣言》起草。该宣言的通过是人类环境保护史上的第一座里程碑，也开辟了我们保护环境、共建美好家园的历史新纪元。1989年，环境保护法通过，环保从此不仅是倡议，而是有法可依。2014年，为"推进生态文明建设，促进经济社会可持续发展"，人大常委会对环境保护法进行了修订。环境保护和生态文明建设大刀阔斧地展开。我国生态文明建设发展的主要进程如表4-1所示。

表4-1 我国生态文明建设发展主要进程表

年份	生态文明建设主要进程
1972	我国代表团参与联合国第一次人类环境会议发布的《人类环境宣言》起草，会上提出经周恩来总理审定的中国政府关于环境保护的32字方针："全面规划，合理布局，综合利用，化害为利，依靠群众，大家动手，保护环境，造福人民。"
1989	第七届全国人大常委会第十一次会议通过《中华人民共和国环境保护法》，将保护环境作为基本国策。
1992	联合国环境与发展大会通过《21世纪议程》，将环境与发展问题纳入决策进程，提出保存和管理资源以促进可持续发展的具体方案。
1994	《中国21世纪议程》经国务院第十六次常务会议审议通过，提出可持续发展总体战略及社会、经济、资源环境的可持续发展政策。
1996	"九五"计划将"可持续发展"列为国家基本战略，提出"要切实保护生态环境"。

续表

年份	生态文明建设主要进程
1997	中共十五大报告指出要坚持保护环境的基本国策，改善生态环境，"实施可持续发展战略"。
2003	中共十六大报告提出要走"生产发展、生活富裕、生态良好的文明发展道路"，并将其确定为建设小康社会的四大目标之一。
2007	中共十七大报告首次明确提出"生态文明"，要求在全社会牢固树立生态文明观念。
2012	中共十八大报告独立成篇论述"生态文明"建设的各方面内容，做出"大力推进生态文明建设"的战略决策，提出"把生态文明建设放在突出地位"，从十个方面描绘今后我国生态文明建设的宏伟蓝图。
	中共十八大审议通过《中国共产党章程（修正案）》，将生态文明建设写进党章。
2013	《全国生态保护"十二五"规划》发布，大力推进生态文明建设，加强生态保护工作，维护国家和区域生态安全。
2014	第十二届全国人大常委会第八次会议通过修订后的《中华人民共和国环境保护法》。
2015	《中共中央 国务院关于加快推进生态文明建设的意见》发布，生态文明建设首度被写入国家五年规划，"绿色"成为"十三五"规划五大发展理念之一。
2017	中共十九大报告指出，要将建设生态文明作为"中华民族永续发展的千年大计"，同时"加快生态文明体制改革，建设美丽中国"。
2018	两会政府工作报告，将"污染防治"列为全面建成小康社会"三大攻坚战"之一。
	十三届全国人大一次会议表决通过《中华人民共和国宪法修正案》，生态文明被历史性地写入宪法。
	十三届全国人大一次会议表决通过国务院机构改革方案，组建生态环境部，推进生态文明建设治理体系和治理能力现代化。

　　党代会报告和国家发展规划中的多次强调，一方面突出了全面贯彻实施生态教育和生态文明建设，从而实现社会可持续发展的重要意义，另一方面体现了以"节能源、保环境、控污染"为重点的自然生态文明，逐渐扩充为"融入全过程，实现永续发展"的社会生态文明的发展过程。我们在解决国内环境问题的同时，也积极参与全球环境治理，迄今为止，我们已批准加入30多项与生态环境有关的多边公约或议定书，成为全球生态文明建设的重要参与者、贡献者、引领者[①]。

---

　　① 中国发展网．环保部：中国已成为全球生态文明建设的重要参与者、贡献者、引领者［EB/OL］．http：//www.chinadevelopment.com.cn/news/ny/2017/10/1184569.shtml，2017－10－23.

二、生态教育思想、政策和实践的发展

（一）国家领导人的生态教育思想发展

我们的党和国家一贯重视环境保护和生态建设工作，2001 年出版的《新时期环境保护重要文献选编》记录了从 1978 年 12 月到 2000 年 10 月之间，国家发布的关于保护环境的政策文件四十四篇，党和国家领导人的讲话、文章等六十篇，充分表明了国家在宣传环保方针政策、提高全民族环保意识方面所做的努力。环境意识和环境质量如何，是衡量一个国家和民族的文明程度的重要标志。① 表 4 - 2 列出的代表性观点只是领导人思想精华中的一小部分，但也能反映出国家对生态文明宣传教育的重视。

表 4 - 2　　　　　　　　国家领导人的生态教育思想摘选表

时间	领导人	事件	主要观点	教育作用
1956	毛泽东		提出"绿化祖国"的倡议：在一切可能的地方，均要按规格种起树来。	生态实践，生态文明思想的前身孕育生态教育萌芽。
1958	毛泽东		提出"要使我国祖国的河山全部绿化起来""到处都很美丽""用二百年绿化了，就是马克思主义"。	
1996	江泽民	第四次全国环境保护会议	要加强环境保护的宣传教育，增强干部群众自觉保护生态环境的意识。②	加强环境保护宣传教育。
2002	江泽民	全球环境基金第二届成员国大会	合理利用资源、保护环境，是实现可持续发展的必然要求。 我们应营造有利于可持续发展的国际政治经济环境，推动世界可持续发展事业沿着正确的方向前进。③	营造可持续发展的环境。
2004	胡锦涛	中央人口资源环境座谈会	牢固树立节约资源的观念、牢固树立保护环境的观念、牢固树立人与自然相和谐的观念。	牢固树立生态观念。

① 新时期环境保护重要文献选编 [M]. 北京：中央文献出版社、中国环境科学出版社，2001.
② 江泽民文选第一卷 [M]. 北京：人民出版社，2006.
③ 南方网. 江泽民强调保护环境是实现可持续发展的必然要求 [EB/OL]. http: // news. southcn. com/china/important/200210161054. htm，2002 - 10 - 16.

续表

时间	领导人	事件	主要观点	教育作用
2004	温家宝	省部级主要领导干部专题研究班结业式	在全社会进一步树立节约资源、保护环境的意识。	进一步树立生态意识。
2005	胡锦涛	中央人口资源环境工作座谈会	增强全社会的人口意识、资源意识、节约意识、环保意识。	增强生态意识。
2005	温家宝	节约型社会建设会议	宣传资源节约的方针政策、法律法规和标准标识，宣传节约资源的先进技术等。	宣传相关政策法规。
2010	习近平	博鳌亚洲论坛年会开幕式	要大力弘扬生态文明理念和环保意识，使坚持绿色发展、绿色消费和绿色生活方式，呵护人类共有的地球家园，成为每个社会成员的自觉行动。	弘扬生态理念和意识。
2010	李克强	中国环境与发展国际合作委员会年会开幕式	在全社会倡导绿色消费、合理消费，使节约资源、保护环境成为全社会的自觉行动。	倡导生态意识，内化为自觉行动。
2011	习近平	考察贵州	进一步强化生态文明观念，努力形成尊重自然、热爱自然、善待自然的良好氛围。	强化生态观念。
2011	李克强	第七次全国环境保护大会	要深入开展全民环境宣传教育行动计划，广泛动员全民参与环境保护，引导全社会以实际行动关心环境、珍惜环境、保护环境。	深入开展全民环境宣传教育。
2013	习近平	十八届中央政治局第六次集体学习	要加强生态文明宣传教育，增强全民节约意识、环保意识、生态意识，营造爱护生态环境的良好风气。	加强生态教育，增强生态意识，营造生态风尚。
2017	习近平	十八届中央政治局第四十一次集体学习	要加强生态文明宣传教育，强化公民环境意识，推动形成节约适度、绿色低碳、文明健康的生活方式和消费模式，形成全社会共同参与的良好风尚。	加强生态教育，形成良好风尚。
2018	习近平	全国生态环境保护大会	加快构建生态文明体系，加快建立健全以生态价值观念为准则的生态文化体系。	培养生态价值观，建立生态文化体系。

　　纵观国家领导人的生态教育思想发展，可知我们的生态教育经历了重要性日益突显，教育理念逐渐明晰的过程。上世纪保护环境成为我国的基本国策后，生态文明建设的政策经过了一系列的发展和丰富，同时也酝酿了生态教育思想。生态文明建设初期，教育的作用是宣传和环境营造，随后变成树立生态文明意识和观念，接着是宣传政策法规、强化生态意识。到 2013 年，习近平总书记提出要对民众加强生态文明宣传教育。2018 年，习近平总书记又提出加快构建以生态价值观念为准则的生态文化体系，将生态教育从校内延伸到校外，成为全社会共同参与的构建生态文化体系的重要部分。随着生态文明建设被提升到国家战略的高度、列入国家发展的"千年大计"，以及明确提出生态价值观的概念，生态教育也应该构建不断完善的教育体系，从内容到形式都与时俱进。随着相关理念的提出和深入，学校教育中关于生态文明和生态价值观的教育也逐渐充实和发展。

（二）生态教育政策的发展历程

　　从 1978 年中共中央发布的《环境保护工作汇报要点》提出普通中小学要增加环境保护的教学内容开始，我们的中小学生态教育就出现了以环境保护为主要内容的雏形。1990 年，"环境教育"一词首次在国家教委印发的《现行普通高中教学计划的调整意见》中出现，该教学计划提出普通高中环保教育在相关课程中渗透进行。2001 年，《基础教育课程改革纲要（试行）》，把培养环境意识作为培养目标列入其中[①]。之后的十多年间，环保教育、自然常识等仍是生态教育的重点和代名词。直到 2015 年，《中共中央　国务院关于加快推进生态文明建设的意见》提出"把生态文明教育作为素质教育的重要内容"，"生态教育"的概念正式提出。2017 年《国家教育事业发展十三五规划》提出"强化生态文明教育，将生态文明理念融入教育全过程"，并鼓励进行生态教育课程教材的开发，生态教育正式被纳入学校教育体系。生态教育从初期的以"宣传"为主的教育形式，到增强民众的生态文明意识以营造良好的社会教育氛围，再到被纳入教育全过程，生态教育经历了稳打稳扎的基础夯实和循序渐进的过程。国家重大政策文件提出生态教育的过程如表 4－3 所示。

---

　　① 林春腾. 对我国中小学环境教育的反思［J］. 环境教育，2003（3）：15－17.

表 4 - 3　　　　　　　　国家重大政策文件提出生态教育的过程

年份	重大政策对生态教育的表述	阶段特点
1978	《环境保护工作汇报要点》经中共中央批准发布，提出普通中小学要增加环境保护的教学内容。	国家环保工作文件提出在中小学普及环境知识。
1981	《关于国民经济调整时期加强环境保护工作的决定》指出中小学要普及环境科学知识。	
1981	教育部颁发《关于修订全日制五年制小学教学计划的说明》，强调加强小学自然科学常识的教育。	教育部、国家教委对学校环境教育的教学计划、课程要求等进行调整，提出培养目标，将环境保护的知识和教学要求明确化、具体化。
1987	国家教委在制定义务教育教学计划时，提出有条件的学校应对环保生态教育单独设课。	
1990	国家教委印发《现行普通高中教学计划的调整意见》，提出"环保教育安排在选修课和课外活动中进行，或渗透到有关学科中结合进行。"	
1992	国家教委组织审查义务教育各学科教学大纲，要求小学和初中的相关学科应重视进行环境教育。同年，第一次环境教育工作会议提出"环境保护，教育为本"的方针。	
2000	教育部印发《全日制普通高级中学课程计划（试验修订稿）》，将普通高中生态教育的培养目标定为"具有自觉保护环境的意识和行为、对自然美具有一定的感受力、鉴赏力、表现力和创造力"。	
2001	教育部印发《基础教育课程改革纲要（试行）》，把培养环境意识作为体现时代要求的培养目标列入其中。	
2011	《全国环境宣传教育行动纲要（2011—2015）》发布，提出探索新时期环境宣传教育规律，构建具有鲜明环境保护特色的宣传教育理论体系。	国家层面的环保行动和法律提出环境教育的重要任务。
2014	《中华人民共和国环境保护法（2014 年修订）》提出，教育行政部门、学校应当将环境保护知识纳入学校教育内容，培养学生的环境保护意识。	
2015	《中共中央 国务院关于加快推进生态文明建设的意见》指出，提高全民生态文明意识，培育生态文化，使生态文明成为社会主流价值观，把生态文明教育作为素质教育的重要内容。	生态文明建设热潮萌生出"生态教育"概念。
2017	《国家教育事业发展十三五规划》成段论述"增强学生生态文明素养"，提出强化生态文明教育，将生态文明理念融入教育全过程。	国家教育规划提出强化生态教育。
2018	《公民生态环境行为规范（试行）》提出"十条"行为规范，旨在牢固树立社会主义生态文明观，强化公民生态环境意识，推动形成人与自然和谐发展的现代化建设新格局。	公民行为规范检验生态教育的效果。

三、生态教育政策的发展阶段和特点

（一）生态教育的政策发展阶段

1. 早期生态文明思想孕育与生态教育萌芽（新中国成立至 1977 年）

生态教育是伴随着生态文明建设不断发展的，早在新中国成立之初，国家领导人的生态文明思想就孕育了生态教育的萌发。

1956 年 3 月，毛泽东同志提出了"绿化祖国"的倡议："在一切可能的地方，均要按规格种起树来"，描绘了一幅保护环境、绿化祖国河山的美丽场景。1958 年 8 月，毛泽东同志强调，"要使我国祖国的河山全部绿化起来""到处都很美丽"，这是我们建设美丽中国的思想基础。他用"用二百年绿化了，就是马克思主义"的论断将保护环境的行为定义为践行马克思主义。当有关同志询问农业的优先发展问题时，毛泽东同志提出"互相依赖，平衡传递"的思想，这正是"和谐共生""平衡可持续"的生态文明思想的前身。

1972 年我国代表团出席联合国在瑞典首都斯德哥尔摩召开的第一次人类环境会议，参与《人类环境宣言》起草，会上提出经周恩来总理审定的中国政府关于环境保护的 32 字方针："全面规划，合理布局，综合利用，化害为利，依靠群众，大家动手，保护环境，造福人民。"这次会议是环境保护史上的第一座里程碑，也开辟了我们保护环境、践行生态教育的历史新纪元。

新中国成立后到改革开放前的这一阶段，主要是我国的生态文明思想和生态教育思想孕育的阶段，我国尚未提出明确的生态教育政策，但是第一代领导集体在经历挫折后及时总结环保经验，为生态文明建设的发展道路奠定了思想基础，为生态教育的酝酿和萌发提供了土壤和温床。

2. 环保教育促使生态教育初具雏形（1978—1989 年）

改革开放不仅是经济制度的解放，也是一次思想的解放，环境保护工作逐步进入公众视野，环保思想逐渐融入教育中。1978 年，中共中央发布《环境保护工作汇报要点》，提出普通中小学要增加环境保护的教学内容，我们的中小学校生态教育出现了以环境保护为主要内容的雏形。中小学校生态教育与我国的改革开放同步成长。1981 年，《关于国民经济调整时期加强环境保护工作的决定》指出中小学要普及环境科学知识。同年教育部颁发《关于修订全日制五年制小学教学计划的说明》，强调加强小学自然科学常识的教育。1987年，国家教委在制定义务教育教学计划时，提出有条件的学校应对环保教育单独设课。1989 年，《中华人民共和国环境保护法（试行）》成为国家正式法律，环境教育和生态教育有了法律依据和保障。

这一阶段，我国基础教育的"生态教育"概念尚未明确提出，国家课程教学计划中多以"环境保护"、"环境科学知识"等概念代替"生态教育"。虽然名称上与现行生态教育有差异，但本质是相同的，即教育学生认识自然、了解生态、爱护环境，这也是生态教育的起点目标。而高等教育的生态学则是在生物学学科下以二级学科的形式开始探索学科内涵和体系成长。因此，我们可以认为这个阶段环保教育的推行和发展是生态教育的雏形。另外，国家教委对义务教育阶段的环保教育有了单独设课的提议，也为后期生态教育课程体系建设打下了基础。国家环保工作文件提出在中小学普及环境知识的要求，为生态教育的探索和发展提供了重要的政策支持。

3. 生态教育在相关课程中渗透进行（1990—2000 年）

1990 年，"环境教育"一词首次在国家教委印发的《现行普通高中教学计划的调整意见》中出现，该意见提出"环保教育安排在选修课和课外活动中进行，或渗透到有关学科中结合进行。"1992 年，国家教委组织审查义务教育各学科教学大纲，要求小学和初中的相关学科应重视进行环境教育。同年，第一次环境教育工作会议提出"环境保护，教育为本"的方针，充分表明了教育在环保大计中的根本性作用。1996 年，第四次全国环境保护会议提出，要加强环境保护的宣传教育，增强干部群众自觉保护生态环境的意识[6]，突出了教育在生态文明建设中的宣传作用。2000 年，教育部印发《全日制普通高级中学课程计划（试验修订稿）》，将普通高中生态教育的培养目标定为"具有自觉保护环境的意识和行为、对自然美具有一定的感受力、鉴赏力、表现力和创造力"。这是生态教育从以学科渗透为主要形式到提出明确的培养目标的发展过程，这一阶段教育部、国家教委对学校环境教育的教学计划、课程要求等进行调整，提出培养目标，将环境保护的知识和教学要求明确化、具体化。

该阶段以生态教育在相关课程中的渗透进行为主要特点，既是对生态教育课程建设的探索，也是使生态教育重要性逐渐突显的过程。生态教育在其他相关学科中渗透，一方面体现了人们的生态意识觉醒，对生态教育的重要性和必要性有了清晰的认识；另一方面体现了生态教育在发展之初经历的艰难摸索和教育者对其严谨唯实的态度。

4. 课程改革引领生态教育初成规范（2001—2014 年）

新世纪开始，生态文明理念和生态教育逐渐走进基础教育的舞台中央。2001 年，教育部印发《基础教育课程改革纲要（试行）》，把培养环境意识作为体现时代要求的培养目标列入其中。生态教育课程建设成为基础教育课程改革的重要内容。2003 年，教育部发布《中小学环境教育实施指南（试行）》，要求各地各校积极开展包括垃圾分类教育在内的环境教育活动，对 1 - 12 年级的环境教育目标做出了具体要求，其指出"环境教育是学校教育的重要组成部分"。之后的十多年间，中小学德育、生物、地理等相关学科的课程标准和教材均落实了"增强学生的环境保护意识，养成保护环境的观念"的要求，生态教育课程得到了极大丰富。2011 年，《全国环境宣传教育行动纲要（2011 - 2015）》发布，提出探索新时期环境宣传教育规律，构建具有鲜明环境保护特色的宣传教育理论体系。同年，教育部修订了义务教育课程标准，把生态文明教育内容和要求纳入了相关课程目标中。2014 年，教育部印发《关于培育和践行社会主义核心价值观　进一步加强中小学德育工作的意见》，明确要求各地各校普遍开展以节约资源和保护环境为主要内容的生态文明教育。与基础教育课程改革同时进行的还有高等生态教育综合改革，2013 年，《教育部　农业部　国家林业局关于推进高等农林教育综合改革的若干意见》发布，提出统筹高等农林教育发展，这是继生态学在 2011 年被国务院学位委员会调整为一级学科后，多部门联合发布的发展高等院校生态教育服务生态文明建设的文件，促进了"卓越农林人才教育培养计划"的出台。2014 年，《中华人民共和国环境保护法（2014 年修订）》提出，教育行政部门、学校应当将环境保护知识纳入学校教育内容，培养学生的环境保护意识。

国家层面的生态教育课程建设政策的集中出台，促成了生态教育体系的发展，中小学生态教育的课程规范逐渐形成，课堂加实践的教学形式体现了生态教育体系的基础架构。高等院校生态教育为生态文明和社会主义新农村建设提供了人才支持。

5. 生态教育被写入国家教育发展规划（2015 年至今）

2015 年，《中共中央　国务院关于加快推进生态文明建设的意见》提出"把生态文明教育作为素质教育的重要内容"，"生态教育"的概念正式被纳入素质教育中。该意见指出，要提高全民生态文明意识，培育生态文化，使生态文明成为社会主流价值观。2015 年，教育部印发的《中小学生守则（2015 年修订）》中明确提出"勤俭节约护家园，不比吃喝穿戴，爱惜花草树木，节粮节水节电，低碳环保生活。"要求中小学生养成节约资源，保护环境的行为习惯。2017 年《中小学德育工作指南》发布，将生态文明教育作为重要的德育内容加以强调。同年《国家教育事业发展十三五规划》成段论述"增强学生生态文明素养"，提出强化生态文明教育，将生态文明理念融入教育全过程，并鼓励进行生态教育课程教材的开发，生态教育正式被写入国家教育发展规划，纳入学校教育体系。

2018 年，习近平在全国生态环境保护大会上提出，加快构建生态文明体系，加快建立健全以生态价值观念为准则的生态文化体系。同年《公民生态环境行为规范（试行）》提出"十条"行为规范，旨在牢固树立社会主义生态文明观，强化公民生态环境意识，推动形成人与自然和谐发展的现代化建设新格局。另外，教育部、农业农村部、国家林业和草原局共同发布《关于加强农科教结合实施卓越农林人才教育培养计划 2.0 的意见》，提出高等农林教育创新发展，培养卓越生态学人才的政策建议。该意见是在 2013 年相关政策上的升级，使生态教育政策从发展基础教育扩展到了完善高等教育，为建设多学段一体化的生态教育体系打下了基础。

生态教育从初期的以"宣传"为主的教育形式，到增强民众的生态文明意识以营造良好的社会教育氛围，再到被明确提出要纳入教育全过程，生态教育经历了稳打稳扎的基础夯实和循序渐进的发展过程。

（二）生态教育的政策发展特点

我国生态教育过去七十年的发展，经历了几个不同的阶段，但都是在探索和徘徊中前行。回顾过去的生态教育的政策发展和转变，具有几个特点。

第一，生态教育从探索走向规范。生态教育以"环境教育"的名义提出之初，相关政策多为"建议"和"倡导"，主要是由于在起步时，各界对其重要性和必要性尚不笃定，相关实施路径还有待探讨，"生态"与"教育"的融合还存在一些难度，因此相关课程建设和教学计划大多以尝试和渗透为主。随着《基础教育课程改革纲要（试行）》把培养环境意识作为时代要求的培养目标，《中华人民共和国环境保护法（2014 年修订）》提出教育部门应当将环境保护知识纳入学校教育内容，《国家教育事业发展十三五规划》成段论述"增强学生生态文明素养"，明确提出强化生态文明教育，我国生态教育体系才逐渐走向规范。随着新时代高等教育农林人才培养计划的提出，生态教育的政策从基础教育扩展到了高等教育，实现了学段全覆盖。

　　第二，生态教育从小众走向主流。随着人们生态意识的觉醒和生态素养的提高，生态教育的政策探索也从边缘化走向了中心化。《中共中央国务院关于加快推进生态文明建设的意见》提出要使生态文明成为社会主流价值观，《国家教育事业发展十三五规划》提出要将生态文明理念融入教育全过程。2018年全国教育大会上，习近平总书记提出立德树人是教育的根本问题。而生态教育是全面落实立德树人根本任务的时代要求，是新时代"五位一体"发展理念下德育的重要组成部分，生态教育与德、智、体、美、劳的各方面都密切相关，它们互相融合、互相促进。随着《中国教育现代化2035》提出"更加注重以德为先，更加注重全面发展"的基本理念，以及到二十一世纪中叶建成富强民主文明和谐美丽的社会主义现代化强国的教育发展目标，生态教育逐渐从小众走向主流，从边缘走向中心。

　　第三，生态教育从部分走向全面。一是教育阶段，学校教育政策从基础教育阶段扩展到高等教育阶段，从最初的部分学段探索变成了各学段全覆盖。二是教育范围，从学校教育延伸到社会教育，以《公民生态环境行为规范（试行）》的颁布作为生态教育实行效果的监督和检验手段，并促使建立生态规范和生态素养提升的终身教育体系。三是教育目标，从培养环境意识，到保护生态、建设美丽家园，再到实现人的全面可持续发展，生态教育与人类发展的关系越来越紧密。四是教育区域，从保护环境、爱护家园，到建设人类命运共同体，主张尊崇自然和绿色发展，坚持走绿色、低碳、循环可持续发展之路，生态教育的对象区域从国内走向国际，其意义从培养人的教育发展扩充为关注社会和谐与国家命运。

中　篇

生态教育的现状调查

第五章　大学生生态教育的现状调查[①]

党的十八大报告中明确提出"大力推进生态文明建设",将生态文明"融入经济建设、政治建设、文化建设、社会建设各方面和全过程","实现中华民族永续发展"。教育领域积极响应该号召,全国各级各类学校纷纷开展生态文明和生态价值观教育。四年来,我国生态教育从起步阶段慢慢走向发展阶段,从开展形式、课程建设、家校结合、社会参与等方面进行了多种探索。

生态教育是对生态和与生态相关的环境、经济、社会问题的教育。其概念从狭义上是指环保教育、环境教育,教大家爱护环境,珍惜资源;广义上是指对自然生态系统的特征和行为模式的认知,以及借用该模式研究社会生态系统的相关问题,如从整体性、协调性、互动性、可持续性等角度,研究生态经济和生态效率(具有可持续发展特征的效率),指导社会、经济的发展方向,利用和保护并重、发展和稳定并重,关注人类和社会的总体可持续发展。

本调查旨在了解我国大学在校生接受生态教育的现状及满意度、认知水平和参与意愿、实施形式和影响因素等,为更有效地推进大学生生态教育提出相应的建议。

本次调查采取网络调查的形式,选取北京、河南、湖南、浙江、福建等地的多所层次不同的高校,发放电子调查问卷。调查时间为 2016 年 3 月至 2016 年 9 月,共回收完整填写的有效问卷 1058 份。

---

① 原载于《中国教育报》2017 年 11 月 17 日第 12 版,经过修改。

一、调查基本情况

（一）接受调查者基本情况

1. 性别

参与此次调查的大学生性别比例为男生47.64%，女生52.36%。男生略少于女生，总体性别比例基本均衡。

2. 年级

参与调查的大学生年级分布为大一35.92%，大二26.09%，大三22.5%，大四15.5%。大一学生较多，大四学生较少，大二和大三学生比例接近平均水平。

3. 大学层次

参与调查的大学生所在的高校覆盖各个层次，最多的为非211普通高校，比例是64.08%，其次是211高校，比例为20.98%，再次是高职高专学校，比例为14.93%。

4. 学习专业

参与调查的大学生所学专业包括文科（社会科学）、理工科（自然科学）和艺术类专业，其中文科学生占49.91%，有文学、公共管理、财政学、金融学、会计、新闻传播、英语、日语、国际贸易等专业；理工科45.93%，有生命科学、地理科学、生物制药、数学、信息与计算科学、电子商务、统计学、环境、电子、化学、土木工程、园林设计、机械与自动化等专业；另外还有艺术类专业4.16%，含美术、播音主持、广播电视编导、影视艺术等专业。调查对象涵盖的专业较广泛。

（二）接受调查者参加生态教育的现状

1. 对自己现在关于生态教育了解程度的评价

参与调查的大学生认为自己对生态教育只有一般的了解程度的较多，占比42.72%，认为自己不了解，但是听说过的占39.7%，另外表示完全不不了解，以前也没听说过的占16.45%，认为自己非常了解的仅占1.13%，如图5-1所示。

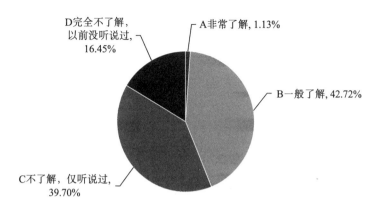

图 5 - 1　大学生对自己关于生态教育了解程度的评价

2. 对自己关于生态教育了解程度的满意度

参与调查的大学生对现有了解程度的满意度是：2.46% 的人表示非常满意，33.46% 的人表示比较满意，58.98% 的人表示不太满意，5.1% 的人表示很不满意。表示不太满意或很不满意的超过六成，表示非常满意或比较满意的不到四成，如图 5 - 2 所示。

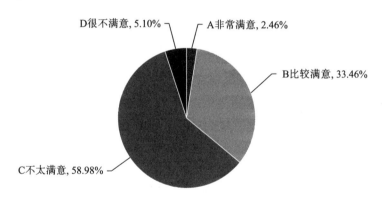

图 5 - 2　大学生对自己关于生态教育了解程度的满意度

3. 接受生态教育及相关知识的意愿

表示非常愿意接受生态教育的大学生占参与调查者的 34.59%，表示比较愿意的有 61.44%，表示不愿意的有 3.97%。总体来说，大学生接受生态教育的意愿较强烈，如图 5 - 3 所示。

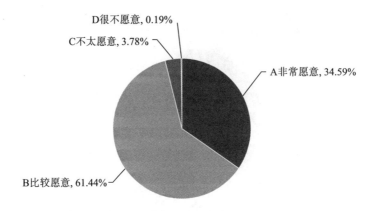

图 5 - 3　大学生接受生态教育的意愿

4. 现在了解生态教育的主要渠道

现有的对于生态教育的了解渠道主要是电视和新媒体，占 56.14%，其次是学校教育，占 17.01%，报刊书籍，占 16.45%，另外还有一部分通过老师和同学的传达，占 10.4%，如图 5 - 4 所示。

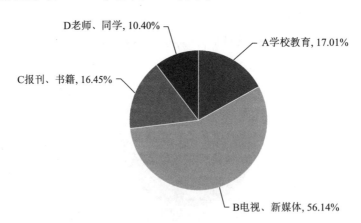

图 5 - 4　大学生现在接受生态教育的主要渠道

5. 对生态教育的重要性的认识

认为生态教育重要的占大多数，其中，认为非常重要的占 45.37%，认为比较重要的占 39.7%，还有 13.8% 的受调查者表示不清楚其重要性，另外也有 1.13% 的人认为其不重要，如图 5 - 5 所示。

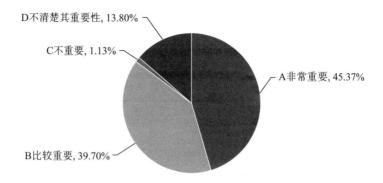

图 5 - 5　大学生对生态教育重要性的评价

6. 所在高校实施生态教育的频率

受调查者所在高校维持较高频率（每周一次）生态教育的占 4.73%，一般频率（每月一次）的占 33.27%，较低频率（每年一次）的占 32.89%，至今为止从未开展的占 29.11%。总体而言，较大部分学校的频率处于中等偏低水平，如图 5 - 6 所示。

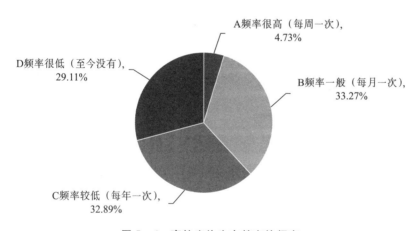

图 5 - 6　高校实施生态教育的频率

7. 所在高校实施生态教育的形式

受调查者所在高校实施生态教育的形式多样的占 15.12%，形式普通的占 31.76%，形式较少的占 30.81%，形式单一的占 22.31%。可见，采用多种形式开展生态教育的高校比例还很低。

8. 大学生态教育课程现状

高校选修课有生态教育独立课程的占 21.17%，院系选修课有独立课程的占 12.48%，在思想政治课程中有相关内容的占 27.98%，在其他课程中有涉及相关内容的占 38.37%。现有生态教育的进行采取学科渗透的形式比较多。

9. 现在接受的生态教育的主要内容

现在大学的生态教育的主要内容是关于爱护生态、保护环境的教育，占 44.23%，其次是从自然生态的可持续发展促进人和社会的可持续发展，占 39.32%，另外还有关于以保护生态资源为前提的产业规划和区域发展，占 9.64%，以及借鉴自然生态系统规律研究其他社会生态系统，占 6.81%。可见，现有教育内容占比最高的还是集中在狭义的生态教育领域。

10. 你认为生态教育应该最关注的方面

受调查的大学生中，大部分认为生态教育最应关注可持续发展，占比 53.69%，其次是人与社会的全面发展，占 27.41%，再次是保护环境，占 13.8%，以及生态效率，占 5.1%。说明现在的大学生已经有了将生态价值观教育和可持续发展教育紧密结合的意识。

11. 你认为生态教育实施好了最受益的方面

受调查的大学生中，认为从生态教育中最受益的是自然环境的占 7.56%，认为是经济发展的占 5.1%，认为是社会和谐的占 6.24%，认为以上方面均受益的占 81.1%。较大部分学生认识到了，从生态教育中受益的不仅是某一个方面，而是自然、经济和社会生活的各方面。

12. 你认为影响生态教育实施的最重要因素

较大部分受调查者认为最重要的影响因素是社会环境，占受调查者的 70.51%，其次是学校的重视，占 15.12%，再次是新媒体的宣传，占 10.21%，此外还有同学朋友的口耳相传，占 4.16%。

13. 你对现在学校实施生态教育的频率和方式的满意度

受调查者对学校生态教育现状的满意度，非常满意的很少，仅 4.35%，处于中等满意度的较多，其中 41.02% 表示比较满意，46.88% 表示不太满意，另外还有 7.75% 的表示很不满意。说明大学生态教育还有较大的提升空间。

14. 你对现在除学校教育外其他生态教育渠道的满意度

受调查者对于其他认识渠道的满意度和学校生态教育的满意度的情况类似，也是中等满意度的较多，具体而言，表示非常满意的占 6.62%，比较满意的占 39.32%，不太满意的占 48.58%，很不满意的占 5.48%。说明其他认识渠道也还需要改进和发展。

15. 你认为学校、院系今后的生态教育应采取的方式和频率

受调查者中，认为应该频率适中，设置独立的生态教育课程的人数最多，

占 37.81%，认为应该加大频率，采取理论和实践多种形式的也较多，占 36.29%，认为应该频率适中，但是不设置独立课程，而是渗透在其他科目中的，占 24.76%，另外还有极少数认为要减少频率和相关课程，占 1.13%。

二、调查结果分析

（一）受调查者自身生态教育的认识程度与对学校生态教育的满意度一致

通过交叉分析调查结果发现，受调查者中，对自身生态教育的认知程度和满意度评价较高的，对学校生态教育开展的满意度也较高。具体而言，对自身认知表示非常满意的受调查者中，有 53.85% 的人对学校生态教育的频率和方式非常满意，有 30.77% 的人比较满意，而表示很不满意的为零。对自身认知表示比较满意的受调查中，对学校生态教育的评价最多的是比较满意，占该部分学生的 70.62%，而表示很不满意的比例非常低，仅 1.135。对自身认知不太满意的，对学校生态教育评价最多的也是不太满意，占 62.18%，同时表示很不满意的比例上升，达到 8.97%。而对自身认知很不满意的人，对学校生态教育表示很不满意的比例在四类受调查者中最高，为 40.74%，远高出其他类别受调查者的该选项比例，而表示非常满意的人数为零。

该结果说明，大学生对生态教育的认识和满意度，很大程度上取决于高校实施生态教育的情况。学校的生态教育的好坏，不仅影响大学生的客观认知水平，还影响其接受教育和积极认知的主观意愿和兴趣，从而对于生态教育过程的开展和效果的获取，以及后续社会参与的延续都有很大影响。

（二）高校或院系开展生态教育的形式呈现专业差异，理工科院系比文科形式多

受调查者的学科分布为文科约 50%，理工科约 46%，艺术类约 4%，其中艺术类专业学生比例略低，文理科学生比例适中。整体调查结果中，所在高校实施生态教育的形式，采取普通形式和较少形式的高校各占约三分之一，形式多样和形式单一的学校合起来约三分之一。不同学科专业的学生对于学校开展生态教育的形式具有共同认识，较大部分选择普通形式和较少形式，即现有的生态教育的实施形态不丰富，这是各专业的共同特点。但是在这共同特点下，

不同专业还是存在差异。通过学科专业和生态教育形式的交叉分析知，当调查理工科专业的大学生所在学校开展生态教育的形式时，选择比例最高的是普通形式，而文科和艺术类专业的受调查者，选择比例最高的是较少形式，如图5-7所示。

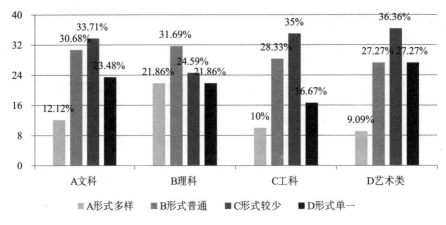

图 5 - 7 不同学科专业开展生态教育的形式分布

由于普通形式介于多种形式和较少形式之间，调查结果说明，理工科专业的学生，接受生态教育的形式比文科和艺术类专业的更多，即理工科学校或院系比文科和艺术类的学校或院系开展生态教育的形式更丰富，这与生态教育的基础内容从生态和环境出发，与理工科知识联系相对较紧密有关。

（三）大学生对生态教育的了解呈现年级差异，低年级比高年级了解更多

受调查者中对生态教育的了解程度，超过八成的人表示一般了解或不太了解，大多处于听说过但是了解不深的阶段。这是各年级学生的共同点。通过分析了解程度和年级之间的关系发现，大一大二的学生，比大三大四的学生了解偏多。这与我们一般认为的年级越高了解越多的常识是不相符的，有其特殊性。

具体而言，大一和大二学生中，表示一般了解的比例最高，分别为45.26%和52.9%，其次是不太了解的比例；而大三和大四学生中，表示不太了解的比例最高，分别为46.22%和45.12%，其次才是一般了解的比例。并且，随着年级升高，对生态教育表示完全不了解的比例由14.21%逐渐上升到23.17%。因此可以得出结论，在整体认识水平不高的基础上，大一大二学生对生态教育的了解，比大三大四学生的了解偏多，如图5-8所示。

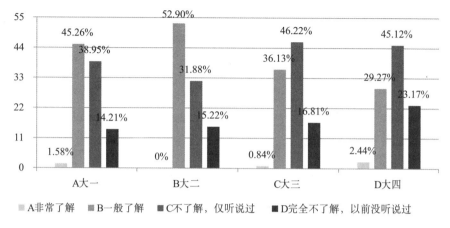

图 5-8 各年级大学生对生态教育的了解程度分布

继党的十七大报告提出要"建设生态文明"的理念后,第一次明确提出"大力推进生态文明建设",将其融入文化建设和社会建设的全过程,是在三年多前的十八大报告中。从理念的明确提出,到领会、推广,并开始实施有个过程。现在的大一和大二学生,正好赶上全面推进生态教育的起步实施阶段,可能在大学入学教育等系列活动中,接触到了较多的相关概念,而大三大四学生,在三四年前入学时,尚处于概念提出之初,到具体施行有个滞后阶段。这也从侧面反映了,我国高校现行的生态教育主要还是采取一些碎片化的形式,尚未形成系统规范的课程,高校生态教育的课程建设,也是现在亟须加强的一方面。

(四) 处于不同了解程度的人都有较强的接受生态教育的意愿

前文的调查结果表明,受调查的大学生对自己生态教育认识程度的评价,超过八成的人表示为中等认识程度,即一般了解或不太了解。这说明,我国大学生生态教育的现状还有较大改进空间。在这种认识现状下,大家接受生态教育的意愿都比较强烈,表示非常愿意和比较愿意的人超过96%。

在大家都愿意接受生态教育的前提下,认知现状不同的人群的学习意愿还是具有差异。对自己认知现状评价是非常了解的受调查者里,有83.33%的人表示非常愿意接受生态教育,另外16.67%的人表示比较愿意,而表示不愿意的人数为零。对认知现状评价为一般了解的受调查者里,对接受生态教育表示比较愿意的人群比例比非常愿意的比例高12个百分点,同时出现了表示不太愿意的3.54%的人群。而对认知现状评价为不了解的受调查者,对接受生态教育的意愿表示非常愿意的比例降低，同时，表示不太愿意的比例升高。另外，对接受生态教育很不愿意的人群，只出现在对生态教育完全不了解的受调查者里，占该类人群的 1.15%，如图 5-9 所示。

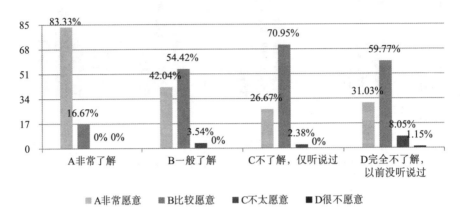

图 5-9　不同认知现状的大学生接受生态教育的意愿

虽然具有不同认知程度的人，对于接受生态教育的意愿存在细节差异，但总体而言，处于不同了解程度和满意度的人都有较强的接受生态教育的意愿。

（五）自身生态教育中等认知满意度和对生态教育重要性的高度评价形成对比

前文的调查结果表明，大学生对生态教育了解现状的满意度，超过九成的人表示中等偏下满意度，即比较满意或不太满意，而其中不太满意的比例大约是比较满意的两倍。另外，表示非常满意的人群比例仅为 2.46%。这说明，我国大学生对于自身的生态教育认知现状的满意度不高，还有很大的改善空间。与此同时，受调查者对生态教育重要性的认识为，超过 85% 的人认为生态教育非常重要或比较重要，约 14% 的人表示不清楚其重要性，仅有 1.13% 的人认为其不重要，如图 5-10 所示。

具体而言，对认知现状表示非常满意的受调查者，接近七成表示生态教育非常重要，剩余三成中认为比较重要和不清楚其重要性的各占一半。对认知现状表示比较满意和不太满意的受调查者，都是九成左右的人表示生态教育非常重要或比较重要。而对认知现状很不满意的受调查者，也有接近七成的人认为生态教育非常重要或比较重要，另外，表示不清楚其重要性的人所占比例为三分之一，在各类人群中为最高。

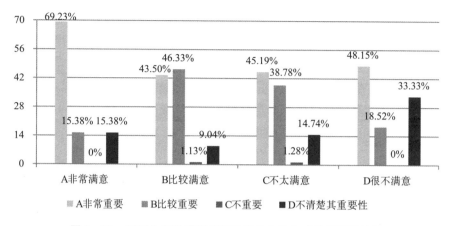

图 5－10　不同生态教育现状满意度的大学生对其重要性认识

可知，虽然大部分受调查者对自身生态教育的认知满意度不高，但是大部分人都认为生态教育很重要，即，对自身生态教育认知中等偏下的满意度和对生态教育较高的重要性评价形成了鲜明的对比。一方面，大部分受调查者的生态教育认知不够，另一方面，其重要性毋庸置疑，二者结合起来更加说明大学生生态教育亟待加强。

（六）高校现行生态教育主要采取学科渗透，大学生希望设置独立课程

高校现行生态教育采取设置独立课程的占少数，学校选修课和院系选修课有相关课程的占受调查者总数的三分之一，剩余三分之二的受调查所在高校采用的是学科渗透的形式，在思想政治课和其他相关课程中涉及生态教育相关内容，其中在思想政治课中进行渗透的约 28%，在其他课程中进行渗透的约 38%。

对于现行的生态教育形式，大部分人表示希望适当加大频率，设置独立的生态教育课程，同时采取理论和实践相结合的多种形式。现在正在接受的生态教育的形式会影响受教育者对未来形式的建议方向。院校有生态教育的独立课程的受调查者，超过一半的表示设置独立的生态教育课程是未来有效实施生态教育的重要途径，这也是对现行选修课程实施效果的一种认可。其次对未来发展方向的建议是增加理论与实践相结合的频率，将课程中所学的知识在日常实践中运用和发挥。另外，在其他课程的学习过程中有接受到生态教育相关知识的，也认为课程渗透是很重要的一个方面，应将生态教育理念贯穿教育的各方面和全过程。

三、结论与建议

分析调查内容与结果，结合实地调研访谈，对未来大学生生态教育的发展提出如下建议。

(一) 提高认识、加强重视、积极推进，确保生态教育落到实处

自党的十八大报告明确提出加强生态文明建设以来，我国的生态教育尚处于起步阶段。对于生态教育的内涵，相关学者还在探讨和深化研究，希望能给出一个准确、全面的界定。同时，由于生态教育的范畴不是一成不变的，而是随着社会、经济、环境的变化而发展的，因此生态教育应该也是一个动态发展的过程，相应地，这也给学校生态教育的实施带来了一定的难度。

我们应充分认识生态教育所处的背景，加强对它的重视，虽然生态教育目前尚未进入高校主流课程里，但在其教育内容和形式都在起步的阶段，大学生就已经认识到其重要性。因此教育部门和社会更应积极推进，加快配合生态教育的进行。一方面，各部门加强学习和宣传，深刻领会其重要性和意义；另一方面，加强学习的同时着力推进，不要跟风走形式，也不要浮于表面，而是积极探索有效实施的路径，将生态教育真正落到实处。

(二) 加强生态教育课程建设和学科发展，增强教育满意度

通过对大学生生态教育现状的调查，我们发现，高校生态教育的开展形式目前以随意化、碎片化的居多，还没有形成独立、完善的课程体系。大学生对于高校现行生态教育的方式和效果，以及自身认知程度的满意度都不高，并且极力建议要开设独立课程，因此，教育部门和高校应积极加强课程建设，满足学生的生态教育学习需求。

首先，要研究科学合理的生态教育课程，从充分了解实施现状和需求出发，从教材编写、课时安排、实施形式等多方面进行探讨，在加强课程建设的同时也考虑其融入性、实践性和操作性，要强化兴趣、补齐短板、丰富内涵、扩充外延，将成熟完善的生态教育课程体系，作为推进大学生生态教育开展的基础和保障。

其次，加强生态教育课程建设，设置独立课程的同时，也不能忽视和其他

学科的联系，要增强同相关学科的关联性，在教育过程中加强学科渗透。一方面，课程建设是将分散的知识点和随意的教学手段进行系统的整合；另一方面，学科渗透是通过多元视角和多学科体验，将课程内容化整为零，便于接纳和吸收。

（三）家校结合、社会参与、培养意识，营造良好的生态教育的社会氛围

在校大学生目前接受生态教育的渠道，只有不到三分之一来自于学校，其中约17%来自于学校教育，约10%来自于老师和同学的影响。较大部分来自于社会和家庭，其中，认为电视和网络媒体成为生态教育主要渠道的受调查者占56%，从报刊和书籍中获取相关知识的占16.5%。可见，在目前学校生态教育还在起步发展阶段时，社会参与和环境氛围影响是非常重要的方面。

对于生态教育实施效果的影响因素调查中，超过七成的受调查者表示社会氛围和舆论环境是最重要的因素，只有约15%的人表示最重要的影响因素来自于学校的重视和推行。

因此学校在作为教育主体践行生态教育的同时，应该重视家庭和社会环境的影响，而家庭和社会也应积极配合。一方面，社会公民应积极树立生态价值观，营造全民参与的氛围，让生态意识成为一种自然的内在约束，从爱护身边的环境和注重生态效率入手，让生态观成为一种习惯。一方面，通过自身的良好行为习惯影响周围的人，从吸收生态文明相关理论成为自身知识体系的一部分出发，逐渐深化和扩充，将其内化为整个社会认识体系和公民意识的一部分。

（四）丰富生态教育的内涵，将生态价值观和可持续发展教育融入社会生活的全过程

大学现行生态教育的主要内容集中在环境保护和可持续发展教育两大方面，即基于狭义的爱护生态、保护环境的内涵定义，涉及到了从自然生态的可持续发展促进人和社会的全面可持续发展的广义内涵。

在全面推行生态教育的同时，我们都应认识到，生态教育不仅是环保，也不仅关乎自然资源，而是涉及到社会、经济、文化等各个领域。经济方面，应考虑教育与经费投入的相互促进和依赖作用，认识教育投入对社会发展的外部效应即广义生态效率，根据教育投入的经济效应采取既公平又有效的投入方式；环境方面，应遵从绿色发展理念，同时兼顾自然生态和人文生态，将基于

环境的生态价值观丰富为全社会的可持续发展观念；社会方面，应通过教育公平促进社会公平，缩小地区差距，保障公民的受教育权利和均衡发展的需求；文化方面，加深对国内外多元文化的清醒理解，从历史和现实的角度理性的认识、求同存异的包容，不压制、不盲从；个体方面，教育的作用对人的意义应是可持续的，从知识的汲取、性格的发展、能力的培养、就业的便利、社会的参与等多方面，体现教育促进人的全面发展的意义。

以上各方面都应该涵盖在生态教育的范围之内，因为全面的生态教育应是借鉴自然生态系统的规律研究其他社会生态系统，以保护生态资源为前提促进社会生态的发展，通过生态价值观的树立，促进人和社会的全面可持续发展。只有全社会都认识到了生态教育的深刻意义，将生态价值观教育和可持续发展教育紧密结合，才能更加顺利、有效的推行。

四、大学生生态教育现状调查说明

当前的经济建设和发展中，生态环保的关注点集中在末端排污控制上，而对公民生态教育的重视不够，或者说决心有余，行动不足，这就导致环境治理有治标不治本的尴尬局面，也反过来影响末端污染控制的自觉性。近年来系列环保措施的强力实行和收效甚微，说明生态教育不仅要通过社会教育和政策影响来推动，还需要通过系统全面的学校教育来贯彻融合。

自党的十八大报告明确提出加强生态文明建设的理念后，生态教育在社会生活和学校教育中都得到了广泛的重视。各级各类学校纷纷开展对生态教育内涵和模式的探讨，我国生态教育逐渐由摸索起步走向正规发展。

良好的生态教育不仅能优化环境保护、改善生活质量、促进社会和谐，更能有效地培养生态价值观，实践可持续发展理念，在个人发展中强化公民意识，在社会和经济发展中融入协调、互动的复合生态系统理论。

生态教育可看成是思想品德（政治）教育、自然科学教育等领域的一个组成部分，从明确提出生态文明建设前的环境教育、公民意识教育，到明确提出生态价值观后的生态教育，其效果如何是大家关注的事情。

大学生是经过了基础教育，即将走向社会的知识群体，有一定的知识积累和相当的认知水平，是连接学校教育和社会教育的过渡。高校的知识传授，具有形式丰富、内容多元、传播便利、渠道广泛等特点，很适合处于起步阶段的

"生态教育"的实施和发展。我国大学生作为高等教育主体，其生态教育认识水平和学习意愿能反映生态教育的实施现状和重要性。

调查大学生生态教育现状，可以了解大学生目前的生态教育认知水平，发现生态文明建设在高校中的实践效果，寻找生态教育方式方法上的问题和漏洞，补齐课程设置和学科建设方面的短板，探索和丰富有效的生态教育实施途径，为今后生态文明建设的进一步顺利实施和生态价值观的全民普及，起到基础性的作用。

当然，关注学校生态教育的实施现状，应该关注从学前教育到高等教育的各个学段，应该分对象设计不同的调查问卷，探索有针对性的实施路径。而本调查旨在了解大学生的生态教育现状，从而提出相应措施，为系列调查之一，此为说明。

第六章　中小学生生态教育现状调查[①]

　　本调查为"大学生生态教育现状调查"的后续，是北京市教育科学"十三五"规划优先关注课题"以生态价值观教育为重点的可持续发展教育研究"的系列调研之二，也受到了中国教育科学研究院 2016 年度公益金项目的支持。调查旨在了解我国中小学生接受生态教育的现状及意愿、了解程度和认识途径、实施形式和影响因素等，分别针对重要性评价、认识现状、家庭支持、学校和社会环境等方面设计调查问题，并在问卷末尾设计了四道简单、有代表性的生态知识题考查中小学生的生态常识。基于调查结果进行分析，为更有效地推进中小学生态教育提出相应的建议。

　　本次调查采取网络调查的形式，选取河北、山东、四川、湖南、广东、福建等地的多所中小学，发放电子调查问卷。调查时间为 2017 年 3 月至 2017 年 6 月，共收到完整填写的有效问卷 7174 份。

一、调查基本情况

（一）参与调查者基本情况

1. 性别

　　参与调查的 7174 名中小学生中，男生占 53.96%，女生占 46.04%，男生略多于女生，性别比例基本均衡。

---

　　① 原载于《中国教育报》2017 年 10 月 19 日第 12 版，经过修改。

2. 年级

此次调查对象涵盖了小学、初中和高中的所有年级，参与调查的学生年级分布具体为小学一至三年级 7.33%，小学四至六年级 44.37%，初中 32.24%，高中 16.06%。小学四至六年级和初中学生较多，小学一至三年级学生由于受识字量的限制，回答问卷需要有老师从旁协助，参与调查的较少。

（二）　参与调查者的基本态度

1. 参与调查的心情

表示很开心参与调查、并会认真如实回答问题的占 82.02%，表示心情一般、当成做作业来完成的占 14.62%，表示心情比较沉重、认为要回答这些问题很有难度的占 3.36%。可见参与者的绝大部分还是持着积极正面的态度来参与调查的，仅有的小部分表示心情沉重的也是由于担心问题的难度，而不是出于主观对于本项调查的排斥。

2. 对生态环境重要性的评价

认为生态环境重要的占 93.06%，认为重要性一般的占 5.62%，另外也有 1.32% 的人认为生态环境不重要。认为生态环境重要的占绝大多数。

3. 学习生态相关知识的意愿

表示非常愿意学习生态知识的中小学生占参与调查者的 80.62%，表示意愿一般、取决于具体学习内容的占 17.79%，表示不愿意的占 1.59%。总体来说，中小学生接受生态教育的意愿较强烈。

（三）　参与调查者的生态教育现状

1. 对生态教育相关概念和内容的熟悉程度

参与调查的中小学生对相关概念的了解程度是：49.92% 的人表示比较熟悉、对相关内容有一些了解，38.05% 的人表示不太熟悉、但是以前听说过，12.03% 的人表示第一次听说这个概念。表示对概念完全陌生的人超过了 10%，比例略高，应该引起我们的注意。

2. 在学校学习生态课程的现状

表示所在学校有单独的生态教育课程来讲授生态知识的占 34.33%，表示所在学校没有单独课程，但有在自然、生物、地理等课程中学过生态相关知识的占 41.27%，表示既没有上过生态课程、也没有学习过生态知识的占 24.39%。表示有单独的生态课程和在其他学科中渗透生态知识的超过七成，两成多表示没有学过生态知识的可能是出于对生态知识的不了解，造成了有所接触却不自知的状况。

3. 觉得学校是否应该开设生态教育课程

认为学校应该开设生态教育课程进行教学的占 86.16%，觉得无所谓、不是太关心的占 9.27%，认为不用开设生态课程、自己在生活中学习就够了的占 4.57%。对开设生态教育课程表示明确支持的接近九成。

4. 参加生态教育社会实践活动的现状

参加过学校组织的以生态为主题的实践活动的占 40.37%，参加过校外的生态实践活动的占 22.44%，没有参加过任何生态实践活动的占 37.19%。没有参加过生态教育社会实践活动的超过了三分之一，占比较高。

5. 最近一年内参加生态实践活动的频率和形式

最近一年内参加了四次左右生态实践活动的受调查者占 18.44%，参加了一次实践活动的占 18.02%，具体形式有垃圾回收、植树、节能宣讲、绘制手抄（板）报、社会调查、观察动植物、养花草、郊游、夏（冬）令营、参观生态基地、了解工业污染、听讲座、参加生态知识竞赛、参与公益活动、放生小动物、外出旅游等，中小学生参加生态实践活动的形式较丰富，但是最近一年内没参加过生态实践活动的人数比例高达 63.53%。

（四）参与调查者的接受生态教育方式

1. 生态环境知识的主要了解途径

参与调查者了解生态环境知识的最常用的渠道是网络，有 60.40% 的受调查者选择了该项，其次是学校课程和电视、广播，分别有 57.11% 和 55.58% 的受调查者通过它们学习过生态环境知识，同时有 41.94% 的人表示从身边开展的各种相关活动中学过生态知识，另外有 3.32% 的人表示还有其他的了解途径，例如阅读书籍和报刊，通过和父母、同学、朋友的交谈等等。可见，现在的媒体渠道（包括传统媒体和新媒体）已经成了生态环境知识来源的主要渠道，其比例甚至高于学校课程。

2. 对待生态环境方面报道的处理态度

当阅读报刊书籍，看到生态环境方面的报道时，表示会很认真地看的占 64.71%，表示会大体浏览一下的占 28.76%，只看标题和结论的占 3.82%，还有 2.72% 表示不感兴趣、不会去看。表示会认真看的接近三分之二，会对内容认真或大体留意的共超过九成。

3. 看待环保志愿活动的态度

对于有机会时是否愿意参加环保志愿者活动，79.08%的人表示愿意，17.83%的人表示看当时的情况，3.09%的人表示不愿意。持明确支持态度的约八成。

（五）参与调查者的生态意识

1. 看到有人乱扔垃圾的反应

表示会上前阻止并纠正其行为的占53.37%，将垃圾捡起来扔到垃圾桶的占36.14%，觉得扔垃圾不应该但是不做任何行动的占8.29%，觉得正常并当作没看见的占2.19%。表现出有明确行动支持的正确生态意识的占九成。

2. 对目前生活的周边环境的满意度

表示对生活的周边环境很满意的占30.75%，表示比较满意的占31.39%，表示一般满意的占22.44%，表示不满意的占15.42%。总体来说满意度不高。

3. 认为周边环境问题需要改进的方面

认为周边环境最需要改进的是生活垃圾的人数最多，有75.87%的人选择了该选项，同时有66.39%的人也认为绿化需要改进，64.79%的人认为噪音问题是比较严重的问题，另外，有58.85%的人认为水的污染问题比较严重，45.62%的人认为野生动物生存环境有待改进。

（六）参与调查者的家庭支持力度

1. 父母对于参加生态实践活动的态度

父母对子女参加生态实践活动非常支持、鼓励其参加的占64.50%，以子女自己的意愿为准的占31.04%，不太支持、认为没必要的占4.46%。可见中小学生参加生态实践能够获得家庭支持的大约占95%。

2. 父母不支持参加生态实践活动的主要原因

在父母不支持参加生态实践活动的原因中，比例较高的是怕户外活动有不安全因素，占比53.75%，其次是不想耽误孩子的学习时间，占比37.91%，也有6.36%的家长因为参加活动需要交费所以不支持子女参加。

（七）参与调查者的生态常识

1. 对于放生小动物的认知

当问到对表述"因为我们要爱护小动物，所以我们应该在力所能及的时候买些小动物放生"判断正误时，有 65.05% 的人选择正确，34.95% 的人认为选择不正确。而实际上，随意放生对维护生态系统平衡并无益处，所以放生行为并不值得鼓励。因此认为该表述正确的人是回答错误的，可见对于放生行为的认知的准确率仅有 34.95%。

2. 对于生态系统物质循环的认知

当问到对于秋天掉落在树干周围的枯叶应该如何处理时，60.26% 的人选择"收集起来，打包运走"，39.74% 的人选择"让枯叶在原地腐烂"。从生态系统物质循环的角度，枯叶在原地腐烂能为植物提供更好的有机养料，是值得提倡的做法。对于物质循环的认知的准确率约四成。

3. 对于良好的生态环境的认知

当问到"一片人工种植养护、供游人欣赏的十里桃林，一个长了各种植物、没人管理的原始森林，哪一个的生态环境更好？"，35.17% 的人选择十里桃林，64.83% 的人选择原始森林。而良好的生态环境应是具备自我调节、自我循环、自我平衡、自我修复功能的，应该尽量减少人为干预，增加其自然属性，因此原始森林的生态环境优于人工打造的园林。参与调查者对生态环境衡量标准的认知准确率高于前两项，为 64.83%。

4. 对于垃圾分类的认知

当问到家里有几个垃圾桶比较合适时，34.26% 的人选择 3 个，27.13% 的人选择 5 个，21.8% 的人选择 4 个，13.05% 的人选择 2 个，还有 3.76% 的人选择 1 个。从生活垃圾分类回收和处理的角度，应该对厨余（有机）垃圾、可回收（无机）垃圾和有害垃圾分类存放和处理，因此家里放三个垃圾桶是比较合理和可行的。当然，若要多于三个也可以，那样就分类更细，只是稍微减少了可行度和经济性。不过少于三个的选择是对于垃圾分类认识不清的。因此，对于垃圾分类的认知完全准确的比例为 34.26%，大体准确的比例为 83.19%。

二、调查结果分析

（一）受调查者对生态环境重要性的认识和对生态教育概念的熟悉度一致

通过交叉分析调查结果发现，受调查者中，对生态环境的重要性评价较高的，对生态教育相关概念和内容的熟悉程度也较高。具体而言，认为生态环境重要的受调查者中，有 52.26% 的人表示对生态教育概念比较熟悉；有 37.15% 的人表示不太熟悉，但是以前听说过；表示第一次听说这个概念的只有 10.59%。而认为生态环境的重要性一般的受调查者中，对生态教育概念不太熟悉的占比最高，达 55.83%；其次是对概念完全陌生的占 23.33%，对概念比较熟悉的占比最低，只有 20.84%。认为生态环境不重要的受调查者中，对生态教育概念完全陌生的比例高达 65.26%，远高于前两类受调查者；表示不太熟悉但是以前听说过的占 26.32%，表示比较熟悉，对相关内容有一定了解的只有 8.42%，明显低于前两类受调查者，如图 6-1 所示。

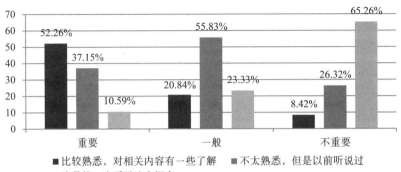

图 6-1　中小学生对生态教育的重要性判断和熟悉程度的关系

另外，受调查者参与调查时的心态也会对生态环境重要性的认知产生一定影响。乐于参与调查的人中，认为生态环境重要的高达 97.71%；心态平和、当成完成作业的人中，有 76.07% 的人认为其重要；而对于参与调查感到有负担的人来说，认为生态环境重要的只有 53.53%，同时认为其不重要的占比 26.97%。可见，对于生态环境和生态教育的认识态度的积极与否，会影响其接受生态教育的意愿和兴趣，从而影响生态教育的实施过程和学习效果。该结果说明，要使中小学生拥有更多的生态概念和知识，应该先引导和培养他们对于生态教育的开放、接受、好奇、求知的心态，而不能是当成负担和压力来排斥或应付。

（二）中小学生对生态知识的了解现状存在地区差异

本次调查中，中小学生对生态教育相关内容的了解程度还有较大的上升空间。其中，表示对相关内容有一些了解的只有半数；表示不熟悉、仅仅听说过的接近四成；还有超过一成的人表示以前从未接触过相关概念。从党的十八大报告明确提出"大力推进生态文明建设"以来的四年多时间里，教育部门也积极响应了该号召，各级学校纷纷采取多种方式开展生态教育。但是从调查结果来看，表示对相关内容不太熟悉和到目前为止尚未接触过的占一半，这至少说明中小学总体的生态教育结果是不太理想的。

　　同时，通过数据筛选看各地区的调查结果，中小学生对生态知识的了解程度呈现出了一定的地区差异。山东某市的调查结果中，表示对生态教育概念和内容比较熟悉的占 60.23%，不太熟悉但是以前听说过的占 31.29%，第一次听说的占 8.48%；而福建某地的调查结果为：比较熟悉的占 16.67%，不太熟悉的占 83.33%，第一次听说的为零。后者虽然比较熟悉的比例低，但是以前从未接触过的人数为零，该地中小学生对生态知识的了解程度可能不深，但是几乎全接触过，认识的覆盖面比较广。随机筛选的几个地区的调查结果如表 6-1 所示，由于筛选为随机选择，表 6-1 的结果只能说明认识程度存在地区差异，不能代表各省的全部情况，亦不能说明各省之间认识程度的优劣。

表 6-1　　　部分地区中小学生对生态教育知识的了解程度比例

地区	比较熟悉，有一些了解	不太熟悉，以前听说过	第一次听说
山东某地	60.23%	31.29%	8.48%
四川某地	55.99%	34.45%	9.56%
广东某地	27.78%	58.33%	13.89%
湖南某地	25.00%	58.33%	16.67%
河北某地	24.82%	55.22%	19.96%
福建某地	16.67%	83.33%	—
合计	49.92%	38.05%	12.03%

（三）中小学生对生态常识的认知尚有所欠缺

　　调查在问卷结尾处设置的四道选择题的回答情况，反映了中小学生对一些生态常识的认知存在偏差。题目的设计针对不同内容，在表述上加入了一定的"误导"元素以适当增加题目难度，但是调查结果正反映了中小学生的生态常识有所欠缺，对一些模棱两可的表述不能正确辨别，与较强的学习意愿形成了一定的对比。具体而言，参与调查者中愿意学习生态知识的人为98.41%，认为生态环境重要的为93.06%，支持学校开设生态教育课程的近九成，愿意参加环保志愿活动的约八成。但是，四道常识题的回答准确率整体只有四成左右，最高的一道准确率也仅为64.83%。

题目的设计避免了"一目了然"式的不需要思考的简单问题，试图反映对生态现象和本质的真实认知情况：关于放生小动物的题包含爱护动物与生态系统食物链稳定性之间的矛盾；如何处理枯叶的题包含维持环境整洁和物质循环之间的矛盾；对良好生态环境的认知包含人为干预和生态自平衡之间的矛盾；而对垃圾分类的认识则包含理论准确性和行为经济性之间的矛盾。虽然出题者的设计让这几对矛盾关系看似存在一定的冲突，但是经过良好的生态教育后，对矛盾关系的认识和处理是可以让生态关系变得协调统一的。

因此，基于对中小学生生态常识的初步测试，我们应该认清生态教育的现状，不能因为生态教育的有序开展而对结果盲目乐观；同时应该加强重视，正确引导，让中小学生们系统地加强学习，从教材的开发研制、课程体系的丰富完善、师资的培养充实等多方面加强保障，以确保中小学生的生态教育取得实质性的进展。

（四）中小学生生态教育参与意识随年级升高而降低，总体参与意识较强

调查结果表明，目前中小学生对生态知识的了解程度整体而言还有较大上升空间，但是受调查者们表现出了较强的学习意愿和参与意识，表示非常愿意和比较愿意学习生态知识的人占全部受调查者的98.41%，不愿意参与的仅1.59%。

同时，交叉分析结果发现，受调查者的生态参与意愿呈现出一定的年级差异，年级越高，生态参与意愿越低。具体而言，小学一至三年级非常愿意学习生态相关知识的人占93.92%；这一比例在小学四至六年级略微降低，为86.11%；而在初中该比例进一步降为79.25%；到了高中该比例仅为62.15%。出现该结果的原因一方面是随着年级升高，学生的课业负担加重，可以分给尚不属于学业考核范围的生态教育的精力相对减少；另一方面是由于低年级的学生年龄也相对较小，对于新事物的好奇心、探索欲和接纳力均更强。因此，无论是出于客观还是主观原因，我们都应该尽早对中小学生进行全面系统的生态教育，如图6-2所示。

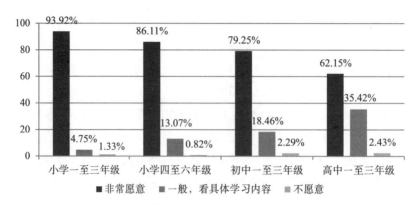

图 6 - 2　中小学生的年级和学习生态知识意愿的关系

另外，生态教育参与意识还受到之前接触过的生态课程和相关社会实践的影响。对于学校有单独的生态教育课程的学生来说，非常愿意学习生态知识的学生比例高达 94.28%，而对于学校未设置生态课程也没学习过生态知识的学生来说，非常愿意学习的比例仅为 72%。之前参加过学校组织的生态主题实践活动的学生中，非常愿意学习生态知识的占 92.47%，从未参加过生态实践活动的学生中，愿意学习的约七成。该结果也说明了学校和社会营造良好的生态教育环境的必要性。

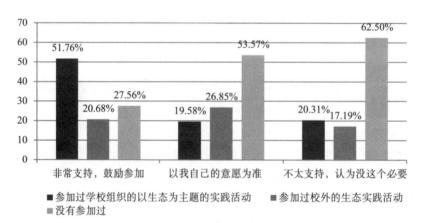

图 6 - 3　中小学生父母支持力度与参加生态实践的关系

（五）中小学生生态知识学习渠道较多，学校课程体系建设处于发展阶段

中小学生接触和学习生态环境知识的渠道较多，主要渠道呈现一定的年级差异，总体而言，目前学校课程仅为排名第二的学习渠道，排在第一位的是网

络信息。对于小学生来说，生态环境知识主要来源于学校课程，其次是网络资源和身边开展的各种相关活动。对于初中生和高中生来说，生态环境知识主要来源于网络，其次是电视、广播，再次是学校课程。并且年级越高，网络为其生态知识来源的主要渠道的比例越大。

学校生态教育课程体系目前正从起步走向发展阶段，尚未成熟。学校课程主要有独立的生态课程和其他课程渗透两种方式，受调查者中超过七成接触过相关课程，其中通过学科渗透的比例略高于通过独立课程学习的比例。认为学校应该开设生态教育课程进行教学的中小学生占受调查者的86.16%，该高比例一方面说明生态教育课程的重要性和必要性已得到了中小学生的认可，另一方面也说明我们现在的课程设置尚不成熟，还有不断完善的空间。因此课程建设和开发应是今后生态教育的重点和方向。

学校课程体系除了课堂上的理论知识构建外，实践活动和体验也是很重要的一个环节。从目前受调查者参加生态实践活动的比例和频率来看，从未参加过与生态环境有关的社会实践活动的接近四成，最近一年内没有参加相关活动的超过六成，说明生态实践活动方面还有待加强。从生态教育课程建设的角度来看，一套完整的课程体系应该包括课堂理论知识和课外社会实践两大部分，以理论知识为基础，用社会实践来融合，两者互相促进，共同发展，均不可偏废。

（六）影响中小学生生态实践活动家庭支持力度的主要是安全和经济因素

中小学生生态实践活动的顺利开展除了需要完善的课程体系做指导，良好的社会环境作保障以外，来自父母的支持也是不可或缺的一方面。从目前的调查来看，中小学生生态实践活动获得了95.54%的家庭支持，其中64.5%的父母非常支持子女参加生态实践活动，以各种方式鼓励他们参加，31.04%的父母以子女自身的意愿和选择为准。

而父母的支持也会在潜移默化中影响子女参加生态实践活动的态度。交叉分析结果表明，父母支持力度非常大的中小学生中，愿意参加实践活动的比例高达92.35%，不愿意参加的仅1.02%，还有6.63%的人表示看当时的情况；而父母不太支持的中小学生中，愿意参加实践活动的比例仅37.19%，表示不愿意参加和根据当时情况再定的达62.81%。可见获得了家庭支持的中小学生在参加生态实践活动方面比较积极，而未获得家庭支持的则有较多顾虑。

对于支持子女参加生态实践活动的父母来说，也有一些担心的因素，最主要的就是户外活动的安全问题，占到考虑因素的三分之二，其余三分之一则是关于户外活动可能与学习在时间上形成冲突的问题。事实上，经过课程体系研究和论证后的实践活动的时间安排均是科学合理的，会考虑时间效用的最大化，家长无须担心。而对于不太支持子女参加生态实践活动的父母来说，家庭经济因素则是主要原因，他们认为参加活动要交的费用较高，或者说活动费用与微小的收效并不相称。因此，今后的生态实践活动组织者需要进一步加强安全保障，同时多渠道寻求经费支持，以减轻家庭负担，争取更大程度的家庭支持。

三、结论与建议

结合调查情况与分析结果，对今后中小学生生态教育的发展提出如下建议。

（一）继续提高认识，以积极的生态意识推动中小学生态教育的实质发展

经过近几年的多方宣传和切身体验，生态环境的重要性已经得到了大众的普遍认可，生态教育的必要性和紧迫性也逐渐深入人心。中小学校生态教育接下来的努力方向应从思想上的重视转变为行动上的落实。

首先，应继续加强宣传，因为生态教育与我们每个人的生活都息息相关，要认识到它涉及的不仅是生态环境知识，还是全民健康、社会生活、文化传承和经济发展，因此在遇到任何问题时都要积极面对，而不要退缩或逃避。只有思想坚定，才能行动一致。

在紧密宣传的同时，还要加强实践路径的探索和研究，抓住中小学生对新鲜事物的好奇心和接纳度的黄金时期，从以下方面推动生态教育的实质性发展。一是监督外围环境的同时，加强自身内化建设，使生态意识从表面的口号变成教育主体内在的素质。教育者要保持坚定清晰的生态意识不动摇，将践行生态文明建设之路走成言传身教之路。二是大步向前的同时，适时审视教育成效、调整教育节奏、把握教育进度，根据生态教育存在的地区和群体差异，设计阶段性的教育目标，将有教无类和因材施教紧密结合，不仅要追求生态教育展开的速度，更要追求其效果，将求急、求快变成求实、求稳。总之，用意识的内化带动行动的提升，将生态实践从表面落到实处，将生态教育从塑造形象

变成追求效果。

（二）完善中小学生态教育课程体系，加强网络课程开发和信息安全监管

从目前中小学生态教育课程的调查状况来看，学校课程体系建设处于起步和发展的过程中，尚未形成科学完善、行之有效的体系，同时中小学生对生态教育课程持赞同和期待的态度。因此，我们更应该加快课程体系的建设完善，使生态教育能够早日有案可学、有情可参、有理可循、有据可依，让合理丰富的课程体系成为中小学生态教育顺利高效开展的坚强基石。

一方面，课程体系的建设需要研究者和教育者共同参与，既有一定的理论高度，又接教学一线的"地气"，让教育学理论指导课程实践，同时让课堂经验回馈和修正理论，最终形成二者互相支持、互相促进的局面。中小学生态课程开发的目标兼具知识性、科学性、趣味性、操作性，以高素质的教师队伍作保障。校内课程要做到课时合理、内容丰富、表述生动，使独立的生态课程和其他相关课程的渗透相结合；校外实践则要难度适宜、频率适中、形式多样，基于校内课程设计和开展，又促进校内课程消化吸收，推动校内课程逐步深入。

另一方面，也是当前需要注意的一个重点，即网络资源的开发利用。由于现在网络信息发达，中小学生了解生态知识最常用的途径是网络，其比例甚至高于学校课程。基于我们不可避免地暴露于网络社会的现状，我们应该加强对网络的管理利用：第一，加强网络生态教育课程的开发和使用，用正式、规范、接受监督的官方网络课程代替随意、大量、内容良莠不齐的网络信息，使网络课程与学校课程形成良性互补；第二，加强网络资讯安全监管，保证网络知识的来源可靠、渠道畅通，开辟生态知识和信息交流分享的专属网络平台，以疏代堵、因势利导，保证生态教育网络环境的安全洁净。

（三）加强中小学校生态教育的外围支持，从资金、安全等方面加强保障

中小学生态教育除了受到主观意愿、学校课程、网络环境等显性因素的影响外，还受到家庭支持等隐性因素的影响，而其主要又是来自于资金和安全方面的考量。生态教育不同于传统的学业课程，其出现的形式是从校外进入校内，有些甚至是由一些兴趣特长班带动起来的，因此给家长造成了有不菲的额外开销的印象。同时生态教育由于其包含与环境和自然接触的实践教育的特殊性，不可避免地要参加一些户外活动，于是安全隐患成了很多家长担心的问

题。因此，要想寻求有力的家庭支持，就要有针对性地解决以上问题。

资金方面，要多渠道筹措资金，增加经费来源。学校方面，应适当增加专项活动经费预算，在每年的活动经费中划拨一定比例用于生态实践活动专用，减少或消除学生个人分担的部分，让生态教育融入传统学业教育体系，减少家庭需要承担的物质支持，让家长无所顾虑地提供精神支持。同时，跟一些环保机构或非政府组织保持联系，寻找软性资源，开发实验基地，以专家讲座、活动赞助、合作实践等方式尽量减少校方开支，争取生态教育经费的效用最大化。

安全方面，则要预防和解决相结合。首先，尽可能全面地做好安全保障，预防安全纰漏的发生，每次户外活动前，向学生进行安全知识宣讲，提前做好实地考察和把关；活动中，安排有经验的安全教师专员全程陪同和指导；活动后，及时进行经验总结和交流。其次，要为参加户外实践活动的学生购买保险，以应对意外和突发状况，只有做到未雨绸缪，才能将安全隐患降到最低，才能将不期而遇的棘手问题妥善解决。同时，要强化社会支持，让生态实践活动的社会环境变得更友善，让公共设施更有利于各项活动的开展，而不是成为活动的障碍，营造全民参与和支持的良好氛围。

总之，中小学今后生态教育的开展要从明确思想到强化行动，从完善校内体系到整合校外资源，从巩固学校实体到优化网络空间，多方合力、互助共赢，形成以完善的课程体系为基础、专业的教师队伍为后盾、充足的经费支持为保障、安全的社会环境为依托，统一目标、兼顾差异、坚定信念、调整步伐的高效、稳妥、系统、全面的生态教育理念。通过培养现在中小学生科学的生态价值观，以打造未来社会发展的中坚力量，用清晰、健康的生态意识，营造全民和社会的可持续发展。

四、中小学生态教育现状调查说明

我们的调查报告里说的都是受教育者对生态教育的认识状况，这里也想说说教育者对生态教育的认识水平和态度。我们在与调查学校联系和沟通的过程中遇到了一些问题，这些问题的共同点应该可以将教育者（地方教育部门、学校管理者、教师）们的认识情况反映一二。

第一，对于何为生态教育理解尚不透彻。当我们表明要对中小学生生态教育现状进行调查时，不少老师的第一反应是茫然的，大部分老师也耿直地要求我们对于"生态教育"进行一下解释说明。当我们一番解释后，有的老师恍然大悟："哦，原来生态教育是这个意思！我们早就在进行了嘛！"也有的老师不以为然，认为虽然冠上了"生态"这个新帽子，但实际上却都是一些老内容，单独弄一个生态教育出来意义不大。这些态度正好反映了现在的教育者对生态教育容易产生的两种误区：一是生态教育就是已经存在的某种教育（如环境教育，环保教育，资源教育，自然教育，品德教育等），于是信心满满；二是由于认识不多（或者自以为认识很多）而对其存在和意义产生否定和排斥，甚至不愿意开展。其实出现这两种误区都是能理解的，毕竟自党的十八大报告明确提出"大力推进生态文明建设"以来，总共才五年时间。到教育领域积极响应，各级各类学校纷纷开展生态教育，其有效实施的时间更短。在如此短的时间里，要充分认识和领会生态教育，是有一定难度的。生态教育不仅对于学生来说是个新词汇，对于教学经验丰富的老师们来说，也是一个需要对已有知识进行交叉渗透、融会贯通或者重新认识的领域。这反映了生态教育所处的阶段：从全面起步正走向日趋成熟。

第二，支持与顾虑并存。当被问及是否愿意让学生参与生态教育现状调查时，地方教育部门的第一反应是"大力支持"，但紧接着又表现出一些犹豫，主要原因是认为本地的生态教育推行力度不够，实施效果不太理想，担心这些情况通过学生的调查反映出来后，对当地造成不好的影响。进而被问及对中小学开展生态教育的态度时，大部分教育管理者的态度是想要开展，却又不知如何开展。想要开展是由于生态文明建设融入"五位一体"的总体布局已深入人心，顾虑则来自于几方面：一是担心生态教育的内容与其他学科存在重复学习的现象，浪费师生宝贵的时间；二是担心开展不当，收效甚微甚至闹出笑话；三是担心缺乏相关资源，强推实施会给学校和地方造成一定的压力。虽然以上顾虑有些是不必要的，但正反映出教育管理者推行生态教育的主观意愿和客观难度，这应该也是生态教育如今在全国大部分中小学中所面临的处境。

对于我们调查者来说，如实地反映问题、寻找原因，从而探求合理的解决方法，是我们的初衷所在。对于以上共同现象，我们也有所思考。

事实上，生态教育的内涵所涉及的方面并不是全新的，也不是已经存在的老旧知识的简单组合，而是基于生态文明理念和生态学以及教育学的相关经典理论，将生态价值、资源节约、环境保护、和谐共处、可持续发展等内容有机结合，研究什么是生态关系以及如何保持和提高生态效率的教育。因此生态教育的内容可以说是有新有旧、新旧交融，既须以我们所熟识的老知识作为基础，又要从方法和技术上拓展新的视角，它与已有学科有交叉和包含，但不等同。生态关系是动态的、相互的、平衡的、有效的，而生态教育则应是系统的、规范的、逐步的、全面的。

从教育者对于生态教育内涵的认识上，反映了我们的教育者的生态意识的相对缺失和全面推行生态教育的重要性和必要性。而从管理者对实施生态教育积极和犹疑并存的态度，更说明教育研究者们的任务艰巨，一方面要充分了解现状，另一方面要深入研究，完善系统的生态教育理念，建设合理的课程体系，让教育者在实施生态教育时，有明确的方向和清晰的步骤，且无后顾之忧。而我们调查者自身，虽然对生态教育接触和学习较多，但也不能说已完全准确掌握其内涵和精髓。我们希望通过系列调查研究和相关总结思考以及进一步的深入学习，能随着生态教育体系的完善，自身也共同进步。

案例

● **寿光　巧妙依托地方资源进行生态教育**

山东寿光市是有名的蔬菜之乡，在绿色文化孕育和发展的过程中，寿光的教育部门积极结合当地资源，在中小学进行了一系列生态教育。例如，寿光依托当地蔬菜种植的独特资源，建立了中小学生高科技蔬菜博览园生态教育基地，举办相关的实践活动。每年组织全市的中小学生轮流到实践基地进行锻炼，参观学习蔬菜的标准化生产、新品种试验种植、现代化配套设施、智能化信息管理等，了解不同蔬菜的种植技巧和适宜的生长环境，学习传统农业与现代科技有机结合的契合点和关键点，认识绿色经济的开展过程中利用环境和保护环境的重要性。学生在实践中感受蔬菜与景观的结合，科技与文化的结合，开阔了视野，丰富了知识。

● **东城初中　生态实践夺得全国社会实践活动特等奖**

寿光世纪教育集团东城初中毗邻寿光国际蔬菜科技博览园，绿色是这里的本色。学校"阳光少年·绿色梦想"实践队，围绕备受社会关注的果蔬保鲜和食用安全进行实践探究。2018年，他们把"家庭果蔬保鲜技术的探索与研究"作为研究课题，队员们走进大棚，与菜农交流，感受果蔬保鲜对菜农的重要性以及菜农各种各样的保鲜"土办法"。同时，他们走进蔬菜科技博览园，向园艺师请教，感受经验和技术的力量。学员们还发放调查问卷，了解家庭果蔬保鲜的常用方法。实践队对调查结果进行汇总，并借用餐厅冷库等设施进行严谨的实验操作，对各种保鲜技术进行了对比，拿到一手数据后，撰写实践报告。该课题在 2016 年 5 月于重庆举办的首届中国教育科学研究院"教育综合改革实验区"初中社会实践成果展示活动中获得特等奖。

今年，东城初中实践队又以"舌尖上的安全——常见蔬菜农药残留的有效处理"作为主题开展研究。队员们深入大棚和果蔬超市，探究果蔬的药残处理和预防。他们还通过网上搜索、调查问卷、现场采访等形式，了解一些常见蔬菜农药残留处理的土办法、新技术。队员们利用所学的生物学知识，设计了一系列小实验，探究各种方法去除农残的有效性。此外，他们还走进当地大学实验室，由实验员协助检测，获得一手数据，撰写了较完善的研究性报告。实践队队员研究成果在当地展示以后，得到了热烈的反响和充分的肯定。

第七章　社会生态教育的现状调查

党的十九大报告提出要将建设生态文明作为"中华民族永续发展的千年大计"，到 2035 年"生态环境根本好转，美丽中国目标基本实现"。习近平总书记强调，要加快建立健全以生态价值观念为准则的生态文化体系。为推动形成人与自然和谐发展的现代化建设新格局，强化公民生态环境意识，生态环境部等五部门在 2018 年六五环境日联合发布《公民生态环境行为规范（试行）》（以下简称《规范》），引领公民践行生态环境责任。本调查系"以生态价值观教育为重点的可持续发展教育研究"的系列调查之三，旨在了解社会生态教育和公民生态素养现状，提出社会生态教育的培育方向和构建生态文化体系的政策建议。同时，调查问卷的编制结合了《规范》提出的"十条"，旨在向大家宣传解读《规范》的具体内容，亦可供大家进行生态行为规范自查。

一、调查基本情况

本调查的开展时间为 2018 年 6 月至 7 月，采用网络问卷随机调查的形式，共回收到有效问卷 1050 份。

（一）调查者基本情况

1. 参与者性别构成

参加此次调查的人员中，男性占 40.48%，女性占 59.52%，女性多于男性。

2. 参与者年龄构成

参加此次调查的人员年龄跨度较大，从未成年人到 60 岁以上的老人均有涉及。其中占比最大的是 30 至 39 岁组，人数占参与者总数的 46.67%；其次是 19 至 29 岁组，占 23.81%；再次是 50 至 59 岁的，占 13.33%；占比较少的是 40 至 49 岁的，占 8.57%，60 岁及以上的，占 6.67%，18 岁及以下的，占 0.95%。较广的年龄覆盖面有利于了解各年龄段对生态教育的不同态度，分析年龄差异。

（二）调查者的生态观概况

1. 对生态环境现状好坏的判断

认为生态环境一般，希望能更好的为大多数，占 68.57%；认为较差，希望能尽快改善的占 27.62%；认为现在的生态环境很好，表示非常满意的占 2.86%；也有 0.95% 的人表示不太关心。除极少部分外，大多数人都能对生态环境现状的好坏做出自己明确的判断。

2. 对生态环境重要性的判断

所有参与调查者都认为生态环境重要，其中 74.29% 的人认为生态环境在生活中应是摆在第一的重要位置；14.29% 的人认为应在发展经济的同时兼顾好生态环境的保护；还有 11.43% 的人认为生态环境的重要性仅次于经济发展。

3. 生态环境的发展方向

对生态环境的发展方向持乐观态度的和不太看好的约各占一半。其中，认为国家非常重视，污染问题会尽快改善，生态会得到很好保护的占 42.86%，认为国家重视生态保护，但是由于污染较严重，短时间内恐怕难以改善的占 27.62%，认为相关法律法规的力度还不够，应该加快生态环境体制建设，方能有成效的占 23.81%，另外，也有 5.71% 的人认为由于经济发展的原因，未来短时间内仍只能以牺牲环境为代价换取发展。

4. 个人行为与生态环境整体改善的关系

对个人行为与生态环境的关系持肯定态度的超过九成，认为个人行为与生态环境改善关系非常大的占 75.24%，他们表示生态保护要从点滴做起；认为有一定的关系，个人破坏生态很容易、但是想恢复却不是那么容易的占 16.19%，认为关系不太大和关系很小的分别占 6.67% 和 1.90%。

5. 目前影响最大的环境问题

认为目前影响最大、首先应该解决的环境问题是工业废弃物污染的占 62.86%，认为是生活垃圾、餐饮垃圾的占 24.76%，认为是汽车尾气排放的占 7.62%，认为是野生动植物及栖息地保护的占 4.76%。

（三）社会生态教育概况

1. 学习生态科学知识和参与志愿活动的意愿

参与调查者的生态知识学习和生态保护意愿较强烈，明确表示愿意学习生态知识和参加生态保护志愿活动的分别有 67.62% 和 61.90%；根据内容或活动主题选择是否参加的分别占 20% 和 20.95%；根据时间选择是否参加的分别占 12.38% 和 17.14%，表示不愿意参加的人数为零。

2. 参与生态教育、履行生态行为规范的意愿

当被问到"有机会的话是否愿意参与生态教育，履行生态行为规范"时，57.14% 的人表示非常愿意，37.14% 的人表示比较愿意，还有 5.71% 的人表示不确定。总体来说，表示肯定意愿的人超过九成。

3. 接触生态环境相关资讯的渠道

参与调查者表示在生活中接触生态咨询的渠道比较多和不太多的人数大体相当，认为渠道多，电视、网络、广播、报刊都能经常接触到，社区也常有相关宣传的占 47.62%，认为渠道不太多，主要是在电视上看到，生活中接触较少的占 40.95%，表示渠道比较少，只偶尔接触到，以至于印象不深刻的占 10.48%，也有 0.95% 的人表示至今为止几乎没有接触和了解过。

4. 对生态文明宣传频率的看法

超过一半的受调查者希望能增加宣传频率，表示虽然电视和网络新闻能看到，但还不够，可以更多的占 56.19%，表示频率正好，电视和网络新闻能经常看到，正好供大家学习的占 23.81%，表示频率较低，但是对于宣传足矣，宣传教育不在于热度，重在长期坚持的占 20%。虽然大家对于生态文明宣传频率有不同的态度，但是认为宣传教育有利于生态文明建设的观点是一致的。

5. 生活中接受生态教育的形式

约 85% 的受调查者在日常生活中接受过生态教育，其中，32.38% 的人接受生态教育的形式丰富，电视节目、社区活动、公共场所宣传、亲友交流、生态实践等形式都有过；39.05% 的人接受过上述一种或两种形式的生态教育；13.33% 的人接受过上述三种以上形式的生态教育。另外，有 15.24% 的人表示尚未在生活中接受过生态教育。

6. 生活中进行生态实践的便利程度

参与调查者认为进行生态实践方便和不方便的比例约是六比四。具体而言，16.19% 的人认为非常方便，生态知识获取快捷，实践场地众多，设施齐全；40% 的人认为比较方便，生态知识易获取，但是实践设施有所欠缺；32.38% 的人认为不太方便，生态知识较难获取，也没有相应的实践设施；还有 11.43% 的人认为很不方便，想获取生态知识和接触生态实践都很难。

（四）公民生态行为规范履行概况

1. 与《规范》中有关关注生态环境的描述"关注环境质量、自然生态和能源资源状况，了解政府和企业发布的生态环境信息，学习生态环境科学、法律法规和政策、环境健康风险防范等方面知识，树立良好的生态价值观，提升自身生态环境保护意识和生态文明素养。"的符合程度

当被问到相关描述事项有多少能做到时，较大部分的受调查者选择了能做到大部分，占所有受调查者的 45.71%；其次是表示能做到少部分的，占 28.57%；还有 25.71% 的人表示全部能做到。

2. 与《规范》中有关节约能源资源的描述"合理设定空调温度，夏季不低于 26 度，冬季不高于 20 度，及时关闭电器电源，多走楼梯少乘电梯，人走关灯，一水多用，节约用纸，按需点餐不浪费。"的符合程度

占比最高的是能做到大部分的人，占所有受调查者的 66.67%；其次是全都能做到的，占 23.81%；能做到少部分的占 9.52%。

3. 与《规范》中有关碱性绿色消费的描述"优先选择绿色产品，尽量购买耐用品，少购买使用一次性用品和过度包装商品，不跟风购买更新换代快的电子产品，外出自带购物袋、水杯等，闲置物品改造利用或交流捐赠。"的符合程度

表示能做到大部分的占 65.71%，全都能做到的占 19.05%，能做到少部分的占 15.24%。

4. 与《规范》中有关选择低碳出行的描述"优先步行、骑行或公共交通出行，多使用共享交通工具，家庭用车优先选择新能源汽车或节能型汽车。"的符合程度

超过一半的人能做到公共交通出行，26.67% 的人上述都能做到，15.24% 的人能做到家庭用车优先选择新能源汽车或节能型汽车，还有 4.76% 的人上述都不能做到。

5. 与《规范》中有关分类投放垃圾的描述"学习并掌握垃圾分类和回收利用知识，按标志单独投放有害垃圾，分类投放其他生活垃圾，不乱扔、乱

放。"的符合程度

大部分情况能准确分类投放的占 35.24%，偶尔能分类投放、有时对分类掌握不准的占 32.38%，上述全都能做到的占 23.81%，全部不能做到的占 8.57%。

6. 与《规范》中有关减少污染产生的描述"不焚烧垃圾、秸秆，少烧散煤，少燃放烟花爆竹，抵制露天烧烤，减少油烟排放，少用化学洗涤剂，少用化肥农药，避免噪声扰民。"的符合程度

能做到上述行为规范的超过九成，其中完全能做到的占 43.81%，能做到大部分的占 49.52%，另外 6.67% 的人能做到少部分。

7. 与《规范》中有关呵护自然生态的描述"爱护山水林田湖草生态系统，积极参与义务植树，保护野生动植物，不破坏野生动植物栖息地，不随意进入自然保护区，不购买、不使用珍稀野生动植物制品，拒食珍稀野生动植物。"的符合程度

超过一半的人上述行为规范全部都能做到，37.14% 的人能做到爱护山水林田湖草，7.62% 的人能做到保护野生动物和其栖息地，也有 0.95% 的人表示上述全都不能做到。

8. 与《规范》中有关参加环保实践的描述"积极传播生态环境保护和生态文明理念，参加各类环保志愿服务活动，主动为生态环境保护工作提出建议。"的符合程度

占比最多的人选择了能做到传播生态文明理念，占总数的 45.71%，其次是有 29.52% 的人表示完全能做到，再次有 20.95% 的人表示能做到参加环保志愿行动，另外，也有 3.81% 的人表示上述行为规范全都不能做到。

9. 与《规范》中有关参与监督举报的描述"遵守生态环境法律法规，履行生态环境保护义务，积极参与和监督生态环境保护工作，劝阻、制止或通过'12369'平台举报破坏生态环境及影响公众健康的行为。"的符合程度

超过七成的人表示自身能遵守法规，但没有制止和举报过不良行为；20%的人表示上述规范完全能做到；7.62% 的人表示自身行为偶有疏漏，但积极参与监督，制止或举报过不良行为；同时也有 0.95% 的人表示上述规范全都不能做到。

10. 与《规范》中有关共建美丽中国的描述"坚持简约适度、绿色低碳的生活与工作方式，自觉做生态环境保护的倡导者、行动者、示范者，共建天蓝、地绿、水清的美好家园。"的符合程度

有 55.24% 的人表示能做到低碳生活，29.52% 的人表示上述规范全都能做到，15.24% 的人表示能达到做生态环境保护的倡导者、行动者、示范者。

二、调查结果分析

（一）公民参与社会生态教育热情较高，生态行为规范履行较好

总体而言，公民对生态环境的重要性认同一致，参与生态教育的意愿和积极性较高。约 75% 的调查者认为生态环境在生活中的重要性是排在第一位的，25% 的人或认为生态保护与经济发展同等重要、应该二者兼顾，或认为生态环境的重要性仅次于经济发展，位于第二位。对于现阶段发展经济可以暂缓关注生态的说法，都表示反对，认为发展经济应不以牺牲环境为代价。在生态环境的重要性方面，大部分公民都给出了毋庸置疑的肯定态度。鉴于生态环境在人们生产生活中的重要地位，大部分调查者都表示愿意参加生态教育，包括生态知识教育和生态实践教育，并有七成的调查者表示愿意从现在起约束自己的行为，做生态的实践者。

生态环境状况方面，虽然公民目前的满意度不高，但是对未来的走向比较看好，对生态的改善颇有信心。约七成的调查者表示生态现状一般，还有近三成认为较差，对现状表示满意的仅有 2.86% 的人，可见我们的生态环境改良和生态文明建设还任重道远。认为国家对生态保护和建设非常重视的人超过七成，其中 42.86% 的人认为在国家的高度重视下，环境问题会很快改善，生态会得到较好保护；27.62% 的人认为虽然严重的污染问题需要较长时间才能得到彻底解决，但是现在人们已经意识到了问题的紧迫性，国家也出台了系列措施，生态环境的整体走向是在好转的。鉴于个人行为与生态环境整体改善的关系非常紧密，75.24% 的调查者认为生态保护要从点滴做起，要以个人行为履行生态实践，为生态文明的建设出一份力。还有 16.19% 的人认为个人破坏生态很容易，但是想要恢复却很难，因此需要以保护为主，不要等到污染后再治理。98% 的调查者认可了个人行为在生态保护和改善中的重要作用，大部分人表示愿意以实际行动助推生态环境的好转。

经调查，公民除了参与生态教育的热情较高外，大部分生态行为规范履行较好。根据与《公民生态环境行为规范（试行）》中的十条具体内容做的比

对，九成左右的调查者能做到节约资源能源、践行绿色消费、选择低碳出行、减少污染产生、呵护自然生态、参加环保实践的全部或大部分内容，近六成能做到分类投放垃圾，约三成能参与监督举报，几乎全部的调查者都能以绿色低碳的生活与工作方式，做生态环境保护的倡导者、行动者、示范者，共建美丽中国。虽然调查结果较好，但是也不可盲目乐观，一是因为参与调查的只是一少部分民众，调查结果仅能代表部分人的意愿和水平。二是目前的调查结果并非完美，生态现状和公民生态行为规范均有上升的空间，要在此基础上，继续优化，方可使社会生态教育成效落到实处。

（二）公民生态价值观存在一定的性别和年龄差异

经过交叉分析得知，在生态观和生态行为实践的某些方面，存在一定的性别差异，主要在生态的重要性比较认知、个人行为与生态关系的认知、环境污染的主要致因、接受生态教育的形式等方面，而在生态环境现状、未来发展方向、参与生态学习和实践的意愿等方面，则是认同一致的。

具体而言，对生态环境重要性认知的性别差异较小，认为生态环境应摆在第一的重要位置的男性调查者比例高于女性调查者，二者分别占男、女调查者总数的 81.25% 和 71.23%；认为应该在发展经济的同时兼顾生态保护的女性调查者比例约是男性调查者的 3 倍，分别为 17.81% 和 6.25%；而认为生态环境的重要性仅次于经济发展的男女性受调查者比例相当，分别为 12.5% 和 10.96%。

个人行为与生态环境整体关系认知的性别差异较明显，认为关系非常大的女性调查者比例高于男性调查者，二者占比分别为 79.45% 和 65.62%；而认为关系不太大的男性调查者占 18.75%，女性调查者仅有 1.37%。

环境污染的主要致因认知的性别差异也较明显，谈到目前首先应解决的环境问题，接近八成的男性调查者认为是工业废弃物污染，剩下两成认为是生活垃圾、餐饮垃圾；而女性调查者认为首要环境问题是上述两项的分别占 56.16% 和 26.03%，还有 10.96% 和 6.52% 的人分别认为是汽车尾气污染和野生动植物保护。在环境问题致因方面，男性的观点集中在两个方面，女性的观点更为宽泛。

接受生态资讯方面，男性调查者主要从电视、网络等渠道了解生态讯息，女性调查者接触生态讯息的渠道更多，还有广播、报刊、社区宣传等渠道。亲身接受生态教育方面，男性调查者接受过五种形式（电视节目、社区活动、公共场所宣传、亲友交流、生态实践）的和上述一到两种形式教育的，分别占约三分之一，女性调查者则是接受过一到两种形式教育的占大多数。

年龄差异方面，30 至 39 岁年龄段的人对生态环境的走向最不看好，40 至 49 岁年龄段的人接受生态知识的意愿较低、而参与生态保护志愿活动的意愿较高。

具体而言，30 至 39 岁年龄段的调查者中，认为生态环境较为严峻，由于污染较严重未来的生态环境短时间内难以改善的占最大比例。其他年龄段的人则认为污染问题会尽快改善、生态会得到保护的占较大比例，并且对未来生态环境持乐观态度的人的比例，随着年龄的增大呈递增趋势，50 至 59 岁年龄段的人看好未来生态发展的占比为 64.29%，60 岁及以上年龄组的人同项占比为 71.43%。

参与生态教育、接受生态知识方面，40 至 49 岁年龄段的人相对意愿较低，超过一半的人选择了比较愿意，表示非常愿意的仅有三分之一。而其他年龄组中，都是选择非常愿意的人占比最高，约为六成，60 岁及以上年龄组，甚至 100% 选择了非常愿意。

参与生态保护志愿活动方面，18 岁及以下年龄组的，大部分表示要看主题和形式是否感兴趣，由于现在学校生态教育的进行和深入，在校学生对于生态实践逐渐有了自己的思考和好恶。而其他年龄组的人，大部分表示愿意参加生态志愿活动，而不首要考虑主题、形式、时间等因素。40 至 49 岁年龄组的人，即便是学习生态知识的意愿最低，但对于生态保护活动却呈现出了较高的热情，77.78% 的人表示愿意参加。60 岁及以上年龄组，仍然 100% 选择了愿意参与志愿活动。

（三）公民对生态法治的落实和相关公共设施的完善均有所期待

生态法治落实与否影响人们对生态文明建设的信心和参与生态教育的热情。调查显示，23.81% 的人认为我国与生态保护相关的法律法规的力度还不够，会影响未来生态环境的发展方向。相关法律法规的完善和落实，也是社会生态教育健康发展需要倚靠的社会环境应具备的重要特点。访谈调查环节，很多调查者表达了对生态法治的建议和期待，归纳起来可以分为以下几方面：一是目前城镇环境的污染缺少监管力度，个人和企业污染环境的成本太低，以至于破坏环境的行为屡禁不止。二是城市快速发展，地方发展经济、追求政绩，忽略了对生态环境的保护和治理，应加大生态整治在政绩衡量中的比重。三是公共区域破坏环境行为的惩罚力度不够，如在公共区域吸烟、乱扔垃圾等，应将相关文明公约上升至法律法规的高度，并对破坏行为坚决处罚，加强震慑作用。四是对生态环境损害的赔偿责任追究不够，应依法对地方政府、企业、个人等各层级明确生态责任，使其履行生态义务。上述观点表明了人们对生态环境的关心和对加强生态法治的期待，今后的社会生态教育中，也应增加生态法治相关政策的宣传解读。

此外，相关公共设施的完善是大家期待的另一方面，包括社会生态教育的场所和实践设施，以及便于创造绿色生态风尚的生活设施等。调查表明，接近一半的调查者在社区宣传中接触过生态相关咨询，超过三成的人在社区活动和公共场所宣传中接受过生态教育，有 16.19% 的人表示生活中履行生态实践很方便，实践场地众多、设施齐全。这表明，在生活环境和日常活动中接受生态教育的形式已被大家所广泛接受。同时，也有 32.38% 的人表示生活中履行生态实践不太方便，生态知识较难获取，也没有相应的实践设施，还有 11.43% 的人表示参与生态教育很不方便，想获取生态知识和接触生态实践都很难，这说明民众参与生态教育的积极性已经被有限的社会教育资源所阻碍，想要增加社会生态教育的影响力，应该完善社区教育的场所和设施，积极打造社会生态教育的"根据地"。

除了教育设施外，生活中的生态实践设施也亟待完善。在公民生态行为规范履行现状调查中，大部分规范都履行较好，唯有垃圾分类的履行情况不尽如人意。表示掌握了垃圾分类和回收利用知识、能准确分类投放垃圾的只有 23.81% 的人，表示偶尔能分类投放的有 32.38%，表示从未执行过垃圾分类的人高达 8.57%。究其原因，他们表示是由于对垃圾分类掌握不准，生活环境中缺少分类的垃圾桶和相应标识。他们也希望社区能增加分类垃圾桶的摆放，增加相关标识的明晰度和解释说明，使垃圾分类投放回收从根本上具有可行性。另外，对于绿色低碳出行，大家也希望公共交通的线路和设施能得到完善，希望绿色出行的心态能被便利的公共交通所鼓励。

三、结论与建议

（一）端正思想、拓宽渠道、丰富形式，积极深入开展全民生态教育

首先，要学习领会习近平总书记的生态价值观，以"良好生态是最普惠

的民生福祉"的民生观作引领，将"绿水青山就是金山银山"的长远观落实到生产生活中的每一个环节。以正确的思想认识作为开展全民生态教育的思想基础和实践动力。营造全民参与、政府支持的社会生态教育的良好文化环境。《中共中央　国务院关于加快推进生态文明建设的意见》提出，"提高全民生态文明意识。积极培育生态文化、生态道德，使生态文明成为社会主流价值观。"而建设生态文明社会、普及生态教育，积极健康的生态价值观应贯穿全过程。

其次，有了生态价值观的指引，则应拓宽渠道、丰富社会生态教育的形式和手段，用具体可行的内容和方法使生态教育落地。一是重视媒介的宣传教育作用，利用电视、广播、报刊等媒体，积极宣传生态文明建设的动态和进展。把握好"互联网＋"的时代背景，开发网络生态课程、打造积极友好的生态文化交流平台。二是密切和教育部门合作，与社区学院联合，探索在社区教育中进行生态教育的形式，开发相关课程，为民众提供更多接受生态教育的机会。同时，要关注学校生态教育的进程，将社会生态教育作为学校生态教育的延续和补充，使二者互相促进、相辅相成。

（二）加大投入，建设完善生态实践设施和社会教育场所

基于硬件设施是开展生态实践的客观基础，以及目前生态设施还有待完善的现状，加大对公共生态设施的建设投入，以利民的设施使全民便于进行生态规范实践、乐于参加生态教育活动，从而自觉将生态价值观融入日常行为，让生产生活场所都成为生态教育场所，让生产生活行为都趋于生态示范行为。

根据民众对生态设施的期待，加强建设，使生态实践设施和场所都能满足社会生态教育的需求，于生活细节中进行生态文明思想的传播。第一，强化政府公共服务，使公共设施便于进行生态实践。具体而言，发展公共交通、鼓励绿色出行；增设新能源汽车的充电设备以保障使用率，降低汽油等能源消耗；配备充足的分类垃圾桶，提倡垃圾分类回收，鼓励一物多用和循环使用；在人流密集的场所设置移动环保卫生间，培养公民良好的卫生习惯。同时，要维护园林绿化，加强公共环境治理。第二，强化社会生态教育的场所建设。在商场、车站、街道等公共场所设立生态教育学习角，放置相关学习资料；企事业单位等设立生态教育活动中心，定期举行讲座和实践活动；社区设立生态教育教室，于社区活动中进行生态文明宣传，以绿色家庭、绿色街道、绿色社区等的构建带动绿色社会的形成。由于社会生态教育多是从实践中来、到实践中

去，当公民能随时随地接触到生态知识、掌握生态资讯、参与生态行为，当生态教育成为自然而然、无需刻意为之，全社会的生态文明程度将极大提高。

（三）建立生态法制体系，以制度保障促进生态文化体系的健全

除了生态教育发展和实践设施完善以外，生态法制体系的建立也是保证生态教育的成效和促进生态文化体系健全的重要举措。首先，生态管理应进入有法可依、有章可循、有据可查、有规可立的现代法治范畴。《生态环境损害赔偿制度改革方案》于 2018 年 1 月 1 日开始实施，其提出的生态环境损害赔偿制度是生态文明制度体系的重要组成部分。我们要以此为契机，构建一个责任明确、途径畅通、保障有力、赔偿到位、修复有效的生态环境损害赔偿制度，让"谁污染、谁治理，谁担责"倒逼环保责任的落实，让明确生态责任成为生态法治的基本原则，以权责明晰的生态管理体制促进生态法治体系的建立。

生态法治体系是国家和人民在现代法治社会中保护生态的重要依据，同时也是生态文明教育和生态文化体系的重要组成部分，还是建设生态文化体系必经的路径。2018 年 5 月召开的全国生态环境保护大会上，习近平总书记提出，要加快构建生态文明体系，加快建立健全以生态价值观念为准则的生态文化体系，确保生态文明全面提升。因此，我们既要将建立生态法制体系作为生态文明建设的阶段目标，又要将其作为建立健全生态文化体系的助推器，以完善的制度保障回应公民对于生态法治的期待，满足良好的社会生态教育所需的法律格局和文化氛围，使全民生态教育和生态文明社会建设更上台阶。

四、资料参考

《公民生态环境行为规范（试行）》全文

第一条　关注生态环境。关注环境质量、自然生态和能源资源状况，了解政府和企业发布的生态环境信息，学习生态环境科学、法律法规和政策、环境健康风险防范等方面知识，树立良好的生态价值观，提升自身生态环境保护意识和生态文明素养。

第二条　节约能源资源。合理设定空调温度，夏季不低于 26 度，冬季不高于 20 度，及时关闭电器电源，多走楼梯少乘电梯，人走关灯，一水多用，

节约用纸，按需点餐不浪费。

第三条　践行绿色消费。优先选择绿色产品，尽量购买耐用品，少购买使用一次性用品和过度包装商品，不跟风购买更新换代快的电子产品，外出自带购物袋、水杯等，闲置物品改造利用或交流捐赠。

第四条　选择低碳出行。优先步行、骑行或公共交通出行，多使用共享交通工具，家庭用车优先选择新能源汽车或节能型汽车。

第五条　分类投放垃圾。学习并掌握垃圾分类和回收利用知识，按标志单独投放有害垃圾，分类投放其他生活垃圾，不乱扔、乱放。

第六条　减少污染产生。不焚烧垃圾、秸秆，少烧散煤，少燃放烟花爆竹，抵制露天烧烤，减少油烟排放，少用化学洗涤剂，少用化肥农药，避免噪声扰民。

第七条　呵护自然生态。爱护山水林田湖草生态系统，积极参与义务植树，保护野生动植物，不破坏野生动植物栖息地，不随意进入自然保护区，不购买、不使用珍稀野生动植物制品，拒食珍稀野生动植物。

第八条　参加环保实践。积极传播生态环境保护和生态文明理念，参加各类环保志愿服务活动，主动为生态环境保护工作提出建议。

第九条　参与监督举报。遵守生态环境法律法规，履行生态环境保护义务，积极参与和监督生态环境保护工作，劝阻、制止或通过"12369"平台举报破坏生态环境及影响公众健康的行为。

第十条　共建美丽中国。坚持简约适度、绿色低碳的生活与工作方式，自觉做生态环境保护的倡导者、行动者、示范者，共建天蓝、地绿、水清的美好家园。

下 篇

生态教育的路径展望

第八章 生态教育的总体发展构想

一、夯实生态教育在生态文明建设中的使命感

（一）生态文明是人类文明发展的必然方向

基于整体主义、自然主义的生态哲学是建设生态文明的理论基础和依据，其基本观点包含共同体主义政治哲学、自然主义价值论、非人类中心主义道德观、超越物质主义价值观等①。

1. 共同体主义政治哲学

人的生存既具有个体性，也具有社会性。共同体是由个人构成的，但个人又只能是共同体中的个人。因为人的生存具有不可消解的个体性，个人利益难以与社会利益彻底地协调起来，因此不能忽视人权保护。但个人又永远是共同体中的个人，必须尊重他人的权利和社会公共规则。就保护环境和建设生态文明而言，我们既要激励人们（特别是企业家）以追求私利的方式保护环境、节能减排，也要诉诸政治和道德，以唤醒人们维护环境正义乃至生态正义的良知。生态文明必须继承现代工业文明的积极成果，生态文明的市场经济必须受生态规律的约束，生态文明的民主法治必须通过公民价值观的深刻转变而有力促进环境保护和节能减排，且明确规定保护环境是每个人不可推卸的责任。

2. 自然主义价值论

人存在于自然之中，人不可能游离于自然之外，也不可能凌驾于自然之上。人类所追求、珍惜、重视的一切都可以被称为价值。价值源自主体的评

---

① 钱易，何建坤，卢风．生态文明十五讲［M］．北京：科学出版社，2015.

价、追求、使用等主体性活动，但人的主体性也就是一种自然存在者的主体性。一个事物因其所是而具有的价值就是它的内在价值，一个事物相对于其使用者而具有的有用性就是它对于使用者的工具价值。科学所追求的真理总是有价值的，人所追求的真理永远是属于人的真理。如果人类不可能按所谓科学的内在逻辑无限逼近对自然奥秘的完全把握，那么人类就该有对科学价值追求和价值导向的明确反省。人本的科学应是尽力维护地球生态健康、保障人类安全的科学。总之，在价值论上认识到事实与价值的相互渗透，厘清科学（包括经济学）的具价值导向，对于生态哲学的体系建构至关重要。

3. 非人类中心主义道德观

生态系统乃至地球生物圈是一个共同体，人类在这个共同体之中，而不在这个共同体之外，更不在这个共同体之上。人类的生存和繁荣依赖于非人生物的生存和繁茂，依赖于地球生物圈的生物多样性，人应该学会用生态学的方法看待人与非人事物之间的关系，而不是仅根据是否对人类有用判定非人自然物之有用（有害）或无用（无害）。人在地球生物圈中享有比其他生物更高的权利，但同时负有更高的责任。人类必须担负保护生态健康的特殊责任（保护物种，而不是保护个体）。人类不能任其物质欲的膨胀，肆无忌惮地干预自然过程。只有在地球生物圈承载限度内的干预才是正当的，超过地球生物圈承载限度的干预就不正当。个人行动遵循生态伦理的基本规则，就意味着恪守绿色消费原则，生态伦理要求人都要保持物质消费的节俭和自律，反对大量排放的奢侈消费和不顾生态良知的猎奇性消费，我们的生产和建设要严格遵循生态学法则。

4. 超越物质主义价值观

人是追求无限的有限存在者，必须创造物质财富才能活着，但活着并非仅为了创造物质财富。人活着是为了创造价值和文化，但不仅是商品价值和现代物质主义文化。人人都希望自己活得有意义或有价值，并且只能是在特定文化氛围中被人们所承认的意义或价值。生态学表明，大自然允许人类以无限追求精神价值的方式追求无限，但不允许以无限追求物质财富的方式追求无限。我们也可以把人生追求归结为对人生幸福的追求，幸福是在生存安全前提下的主观感受和生存体验，心态和境界是一个人生活幸福的主观条件或主体条件。为了建设生态文明，我们必须建构超越物质主义的生态文化，即蕴涵生态价值观的哲学、宗教、科学、文学和艺术。

通过对比上述生态哲学可知，现代工业文明是不可持续的，生态文明是人类文明的必由之路。生态文明继承了以往原始文明、农耕文明、工业文明的积极成果，具有如下愿景：第一，清洁能源逐渐取代了如今的矿物能源，物质生产逐渐走向清洁化、生态化的稳态。第二，非物质经济得到了充分发展，如信息产业、文化产业、旅游业等。人们的消费也逐渐生态化。第三，清洁生产技术、生态技术、低碳技术、环保技术大发展，成为主导性技术。第四，循环经济渐成规模，唯GDP至上的观念淡出，保护环境成了各级地方官员不可推卸的责任。第五，企业能自觉地担负起保护环境节能减排的社会责任。第六，人们的思想观念发生了根本转变，生态学知识日渐普及，绿色消费蔚然成风。

生态文明是人类文明发展的必然方向，应该以生态教育为支撑和推手，积极促进生态文明的发展和完善。

（二）生态教育是生态文明建设的使命担当

生态文明建设实践的深入推进，对生态文明教育提出了新要求。2018年5月18日召开的全国生态环境保护大会上，韩正同志提出要以习近平生态文明思想为指引，积极推进生态文明建设的深入。自此，生态文明建设和生态教育的推行都有了更加明确的指导思想，有了更加鲜明的旗帜和方向。同时，习近平总书记多次在重要场合提到要以实施生态教育作为普及生态文明思想的途径，保证生态文明建设的成效。《国家教育事业发展"十三五"规划》成段论述"增强学生生态文明素养"，提出要"强化生态文明教育，将生态文明理念融入教育全过程，鼓励学校开发生态文明相关课程"。一方面，国家领导人非常重视生态文明教育的施行，另一方面，生态教育的成效有待进一步落实，普及深度和广度亟待提高。在全面建设生态文明，建设可持续发展社会，构建人类命运共同体的时代背景下，生态教育应担起生态文明建设的使命担当，实现如下目标。

第一，生态教育应克服工业文明造成的异化，恢复生命的本真和自由。工业文明带来技术进步、经济发展、人民生活水平提高的同时，也带来了攫取资源、污染环境、忽视生态造成的环境桎梏，当工业经济时代越是追求效益和利益，则人们的生命本真和欲望越遭到遏制。因此，生态教育的使命是消除工业经济带来的生命异化，避免生态危机，逃脱技术的桎梏，追求生命体的自由发展权利，使我们走向追求绿色经济和可持续发展的道路，并实现人的生命价值。

第二，生态教育应培养个体的生态文明理念，以自由人格领悟生态自然法则，获得外部自由。追求自由的个体除了需要获得个体的精神自由外，还需要有大环境的外部自由来做保障。整体的自由由无数个体的自由组成，而个体的自由则依赖于环境的自由得以延续。追求生态文明、建设生态文明社会，应以具有生态文明理念和素养的社会个体做支撑。当具有自由人格的全部社会个体都具有了内化的生态文明素养，则生态文明行为会蔚然成风，而生态文明社会则是水到渠成的必然结果。

第三，生态教育应培养人作为自为主体对自然有机整体的调控和适应。人与人的关系，和人与自然的关系之间互相影响，若人与人之间是竞争利用的关系，则人与自然之间是主奴关系；若人与人之间是平等共感的关系，则人与自然之间是和谐共生的主体间关系。在人们追求个体自由和外部自由的过程中，应处理好人与人和人与自然的关系，一方面适度地调控自然以满足客体对主体的服务功能，一方面理性地改变自己，以实现主体对客体的存在尊重，达到主客体的共生共赢。

第四，生态教育应担负起建设可持续发展社会，共建人类命运共同体的文化基础。党的十九大提出打好"三大攻坚战"的要求，"污染防治"赫然在列。2018 年国务院政府工作报告提出"确保生态环境质量总体改善"的愿景。2019 年 4 月 28 日，在中国北京世界园艺博览会开幕式上，习近平总书记提出："建设美丽家园是人类的共同梦想。面对生态环境挑战，人类是一荣俱荣、一损俱损的命运共同体，没有哪个国家能独善其身。唯有携手合作，我们才能有效应对气候变化、海洋污染、生物保护等全球性环境问题，实现联合国 2030 年可持续发展目标。只有并肩同行，才能让绿色发展理念深入人心、全球生态文明之路行稳致远。"在建设人类命运共同体的征程中，生态教育是实现可持续发展的文化和思想基础。

生态教育的总体发展路径可从四方面着手：一是树立生态文明思想，深入学习和贯彻习近平生态文明思想，牢固树立中国特色社会主义生态观，让全社会系统学习和领会以"两山论"为代表的习近平生态观，用生态就是生产力、保护生态就是最大的民生福祉等科学论断来指导实践。二是提升生态文明意识，通过多渠道的生态文明理念宣传和思想教育，让社会全体都充分认识到生态文明的重要性，从而通过内部学习升华和外部环境营造，来提升社会整体对生态问题的关注、认识、理解和参与程度。三是弘扬生态文明道德，发挥生态道德特殊的感召力、约束力和影响力，坚持人与自然共生共荣的价值取向，辐射生态道德推进生态文明建设的无形力量。四是实践生态文明行为，通过生态教育使人们的生产生活方式更加绿色化、理性化，鼓励和倡导广大公众践行绿色消费，形成节约资源、保护生态的社会风尚，减少对自然的过度攫取，实行合理开发和有效保护并行的举措。通过上述四个方面的措施，发挥生态教育从武装头脑、端正认识到规范行为、指导实践上的作用，切实发挥生态教育的作用，推进生态文明建设事业。

二、基于生态教育的现状特点寻求未来发展方向

（一）中小学生态教育的现状特点

1. 生态教育的良好态势：国家教育事业发展规划正式提出

2013 年 6 月，习近平总书记向全国青少年提出了"爱学习、爱劳动、爱祖国；节水、节电、节粮"的号召，倡导大家节约资源、提高能源效率、保护环境。2015 年 4 月，习近平在参加首都义务植树活动时提出"要坚持全国动员、全民动手植树造林，努力把建设美丽中国化为人民自觉行动"，身体力行带领大家把生态文明建设融入生态实践。2017 年 3 月，习近平提出"要组织全社会特别是广大青少年通过参加植树活动""培养热爱自然、珍爱生命的生态意识，学习体验绿色发展理念""希望同学们从小树立保护环境、爱绿护绿的意识"，突出了青少年在培养生态意识的学习和实践中的主体地位。2017年 5 月，习近平在中共中央政治局第四十一次集体学习时的讲话中强调"要加强生态文明宣传教育，把珍惜生态、保护资源、爱护环境等内容纳入国民教育和培训体系"，强调了生态文明建设要通过教育手段来进行①。

国家教育事业发展"十三五"规划提出"强化生态文明教育"，将生态文明建设和教育正式结合，生态教育从此被引入教育事业发展的大舞台。生态文明教育的明晰化，标志着中小学校生态教育从酝酿到迸发的重大转折。

2. 学校生态教育的现状：有序进行，不断完善

学校生态教育是依托校园主体进行，以在校学生为对象的生态教育。经过环境教育的预热、生态文明建设的烘托和生态教育近年的发展，我们的学校生

---

① 习近平：把建设美丽中国化为人民自觉行动［EB/OL］. 中华人民共和国国家互联网信息办公室. http://www.cac.gov.cn/2018-03/27/c_1122599792.htm, 2018-03-27.

态教育已初成体系。现在的课程兼具理论课程和实践课程，以生态文明基本理念为指导，以爱护环境、节约资源为主要内容，旨在引导学生树立生态文明意识，形成可持续发展理念、知识和能力①。

学校生态教育对于不同的年龄段有不同的侧重点，现在各学段的生态教育呈现出了各自的特点。大学的生态教育主要结合各专业的特征，采取学科渗透的形式进行，因此调查结果显示理工科院系比文科院系的生态教育形式和内容多。而具有不同了解程度的大学生都有较强的接受生态教育的意愿，并希望院校设置独立的生态课程，超过八成的大学生认为生态教育对自然环境、经济发展、社会和谐都有益，能有效促进社会的全面可持续发展②。中小学的生态教育大部分在自然、生物、地理等课程中进行，中小学生除了接受课程教育外，大部分还参加过学校或校外组织的以生态为主题的实践活动，并获得了较好的家庭支持。另外，网络、电视、报刊等也都是生态知识的来源渠道，中小学生对生态常识的认知尚有较大的提升空间。由于各地开展生态教育的时间各异，客观条件、资源等也不同，中小学生对生态知识的了解现状存在地区差异③。

3. 中小学生态教育的特点

为了客观、全面地了解中小学生接受生态教育的现状，我们编制了调查问卷，在全国各地的中小学进行了大样本随机抽样调查，2017 年问卷发放主要集中在河北、山东、湖南、四川、广东、福建等地，最后回收到填写完整的有效问卷 7174 份。参与调查的中小学生中，男生占 53.96%，女生占 46.04%，性别比例基本均衡。年级分布上，小学一至三年级占 7.33%，小学四至六年级占 44.37%，初中占 32.24%，高中占 16.06%。小学四至六年级和初中学生较多，小学一至三年级学生由于受识字量的限制，回答问卷需要有老师从旁协助，参与调查的较少。对问卷进行整理后，发现中小学生生态素养和教育现状有如下主要特征。

（1）中小学生参与生态教育的意愿强烈。参与调查的中小学生中，表示很开心参与调查、会认真如实回答问题的占 96.64%，认为生态环境重要的占 93.06%，表示非常愿意学习生态知识、积极支持参加环保志愿活动的各约八成。总体来说，中小学生接受生态教育的主观意识较强。同时，他们对相关概念和内容也有了一定的了解，表示对生态教育比较熟悉和有所了解的占

---

① 国务院. 国家教育事业发展"十三五"规划［Z］. 2017 - 01 - 10.
② 彭妮娅. 大学生生态教育现状调查报告［N］. 中国教育报，2016 - 11 - 17，第 12 版。
③ 彭妮娅. 中小学生态教育现状调查报告［N］. 中国教育报，2017 - 10 - 19，第 12 版。

87.97%，同时有 86.16% 的受调查者对学校开设生态教育课程表示明确支持。

尽管中小学生参与生态教育的意愿强烈，但由于接受生态教育的时间还不长，对生态知识的认知水平尚有所欠缺，一些生态常识的测试结果表明中小学生的生态素养还有较大的上升空间。也正是这个调查结果提醒了我们，不能因为生态教育在有序开展就对教育结果持盲目乐观态度，而应以更谨慎缜密的态度，从教材研发、课程体系完善、学时保证、师资培养等方面继续加强，以寻求实质性的突破。

（2）中小学生参与生态教育的形式丰富、渠道多样。学校生态教育一方面是有设置单独的生态教育课程讲授生态知识，另一方面是在自然、生物、地理等课程中以学科渗透的形式涉及到生态相关知识，采用以上两种形式进行生态教育的超过七成。中小学生参加生态活动的形式较丰富，除了参加校内组织的生态主题的手抄报、绘画、征文、演讲、辩论等活动和实地考察外，还有不少学生参加校外团体和机构组织的生态实践，参加过校内外的实践活动的约占到受调查者总数的三分之二。

除了学校教育以外，生态素养的获取还有多种渠道，如网络、电视、广播、报刊等，现在的媒体渠道甚至已经成了生态知识来源的主要渠道。当阅读报刊书籍，看到生态环境方面的报道时，表示有兴趣阅读的占 93.47%。同时，老师和家长的日常教育和交流，也能促进生态情感和生态行为的丰富和发展。

（3）学校生态教育获得了较好的家庭支持。众所周知，家庭教育是学校教育的起点、补充和延续，同样，高效的生态教育也离不开家庭的支持。我们现在的中小学生态教育就获得了较好的家庭支持，一方面是指家长对于子女参加生态实践和相关活动的态度；另一方面是指家长自身的行为习惯在潜意识中对子女造成的影响。

具体而言，家长对子女参加生态实践活动的态度，表示非常支持、鼓励其参加的占 64.50%，以子女自己的意愿为准的占 31.04%，可见中小学生参加生态实践能够获得家庭支持的大约占 95%。对于余下 5% 的家庭，家长也有自己的考量，究其原因，比例较高的是怕户外活动有不安全因素，占比 53.75%，其次是不想耽误孩子的学习时间，占比 37.91%，再次是活动花费问题。总体来说，中小学生态教育获得了较好的家庭支持。当然，生态文明的社会舆论热度也助推了生态教育和实践的关注度。

同时，家长自身生态素质提高，也为生态教育创造了良好的家庭教育环境。随着生态文明建设在各行各业开展推广，生态文明理念逐渐深入人心，家长在与生态有关的些许细节上的言传身教也能使中小学生在日常生活中耳濡目染。

4. 中小学生态教育存在的问题

（1）教育者对生态教育的认识有待进一步加强。虽然各地的生态教育都在逐步开展和推进，但是调查发现，基层教育管理者和教师对生态教育的认识水平还有待提高，对其理解还存在一些偏差。一是对生态教育认识不清晰，将其与环保教育等同起来，认为只是新瓶装旧酒，进而将其重要性和必要性大打折扣；二是由于经验不足存在"敬而远之"的状况，因为怕出错、怕推行效果不好或者缺乏相关的推行参照模式，于是干脆就不推行；三是担心生态教育课时对"正课"造成挤占，认为只有文化知识课才是"学"，而生态教育课就是"玩"。以上认识偏差的出现，有一定的原因，虽然我们进行生态文明建设已有十余年时间，但是正式推行生态教育的时间还较短，直到2017年《国家教育事业发展"十三五"规划》发布，才明确提出"强化生态文明教育"的根本任务，在这之前进行的生态教育，大多是前瞻性的探索，还不成熟。然而即便如此，教育先行者也应该得到认可和肯定。

实际上，生态教育内涵涉及的方方面面虽不是全新，但也绝不是对旧知识的简单重复，而是基于生态文明理念和生态学以及教育学的相关经典理论，对生态价值、和谐共生、资源节约、可持续发展等相关内容的有机结合，既以我们所熟识的知识作为基础，又要从方法和技术上拓展新的视角，进行新的整合，它与已有学科有交叉和包含，但不等同。同时，生态文明建设被写进党章和宪法，国务院组建生态环境部，生态文明教育被单列写进《国家教育事业发展"十三五"规划》，其重要性和必要性是毋庸置疑的。

（2）生态教育尚停留在较浅层面。生态教育是一个循序渐进、逐渐深入的过程，对生态价值观的学习和理解也需要日复一日的积累。而我们现在的中小学生态教育尚停留在较浅的层面，离系统全面的生态价值观的树立还有一定的距离。首先，生态教育还停留在教大家领会何为"生态价值观"的知识教育层面，仅属于生态教育的第一个层面，而对于遵循"生态价值观"理念的教育方法和模式，将生态价值观贯穿于教育全过程，以及用生态价值观将教育系统与社会生态系统里的其他因素紧密联系从而实现全面可持续发展的较深层面还少有涉及。其次，对生态价值观的教育也停留在微观层面，即对于自然生态和环境系统的价值认识，而对于"两山论"的时代性、历史性、哲学性的思辨和教育还有待加强。

以上现象也反映出我们中小学生态教育的体系还不够完善，一是缺乏独立的生态教育的课程建设和教材研发，设置专门的生态教育课的学校为少数，现在所进行的生态教育大部分是在其他相关课程中有所涉及和渗透，课程的不完善、课时的不充足导致教育内容老旧、部分重要内容缺失；二是缺乏专业的生态教育师资，生态学成为一级学科时间较短，师范院校中尚未开设生态教育专业，生态教育的教师只能由生物、自然、品德等课程的教师兼任，于是造成了生态教育内容浅显、不够深入和全面的局面。

（3）生态教育地区发展不平衡。从党的十八大报告明确提出"大力推进生态文明建设"以来的五年多时间里，教育部门也积极响应了该号召，各级学校纷纷采取各种方式开展生态教育的探索。但是从调查结果来看，表示对相关内容不太熟悉和到目前为止尚未接触过的占一半，这说明中小学总体的生态教育情况是不容乐观的。同时，通过数据筛选看各地区的调查结果，中小学生对生态知识的了解程度呈现出了一定的地区差异，生态教育的地区发展不平衡。

例如，山东某市的调查结果中，表示对生态教育概念和内容比较熟悉的占60.23%，不太熟悉但是以前听说过的占31.29%，第一次听说的占8.48%；而福建某地的调查结果为：比较熟悉的占16.67%，不太熟悉的占83.33%，第一次听说的为零。后者虽然比较熟悉的比例低，但是从未接触过的人数为零，该地中小学生对生态知识的了解程度可能不深，但是认识的覆盖面比较广。

生态教育出现地区差异的原因与地区资源条件密切相关，一是地区的教育资源，二是自然生态资源，三是经济资源。由于生态教育从教育内容到形式上都较为新颖，于是拥有前瞻视野和现代化教育资源、教育发展水平较领先的地区较易获得先机。同时，地区的生态和地理环境也为生态教育的开展提供了不可多得的便利条件，生态资源丰富、多样，或者拥有生态产业的地区在生态实践教育方面拥有天然的优势。另外，经济保障能力也是影响生态教育的重要因素，一些实践体验项目的开展离不开充足的经费支持。因此，拥有不同的资源条件的地区生态教育的发展情况存在差异。同时，开展时间的长短、教育部门的重视程度差异等也能造成一定的影响。

（二）社会生态教育的现状特点

1. 社会生态教育受严峻的生态现状影响

社会生态教育是生态教育不可或缺的重要组成部分，与学校生态教育互相促进、互为补充。它在家庭，社区、单位和其他公共区域进行，时间灵活、形式自由，所有民众都能参与，没有年龄、身份、职业的限制，它在提高民众生态素质、改善生态环境方面具有较高的辐射效应。

我们的社会生态教育面临着生态环境较严峻的客观现状和民众生态素养有待提高的主观影响。一方面，我们的生态环境受到了传统发展理念的影响，虽然经济在快速发展，但同时也付出了牺牲环境的代价，与资本密集产业相伴而生的高密度污染排放使经济发展陷入了"先污染，后治理"的困境。经济发展、生活富裕还使人们的消费观发生了改变，不合理的消费观加重了资源浪费和环境破坏。同时，我们的生态文明建设的制度保障尚未完全建立，绿色生产和消费的法律制度有待完善，国有自然资源资产管理和自然生态监管机构有待健全。在这样的客观环境下，民众生态素养尚有较大的提升空间，社会生态教育有待进一步发挥其作用。

要使社会生态教育取得成效，我们需要认清几个现状。首先，民众生态素养水平总体不高，与我们对生态环境的高要求之间还有一定差距，相比于生态环境较好的亚洲国家，如新加坡、韩国、日本等，我们还应加强民众生态素养的浸染。其次，除了需要加强宣传教育外，还应提倡将意识转化为行动。随着生态文明建设的进行，民众的生态环境意识已经逐渐明晰，但大部分还是停留在"意识"阶段，没有转化为内生行动从而影响日常行为。再次，应加强生态文明的法制建设，以严格的制度要求助推生态文明宣传教育的深入实施。同时，我们也应该清楚，虽然还面临着一些困难，但是民众参与生态文明建设的热情空前高涨，这有助于社会生态教育的顺利开展。

2. 社会民众有较强的提升生态素养的愿望

虽然我们的生态环境现状较为严峻，民众的生态素养也有待提高，但是民众对于参加生态教育、提升生态素养、改善生态环境的意愿较为强烈，这是我们倡导全民生态教育，并克服困难将之持续的一个重要动力和有利因素。

总体而言，公民对生态环境的重要性认同一致，参与生态教育的意愿和积极性较高。约八成的受调查者表示生态环境在生活中的重要性排在第一位，甚至超过社会经济发展的重要程度，因为生态环境是人类生存和经济发展的基础，若发展经济而不顾保护生态，那么以牺牲环境为代价换取的短期的经济猛涨对于长期的人类发展而言是毫无意义的。反之，若将生态环境放在第一位，一方面保护我们赖以生存的家园，另一方面探索可持续发展的经济形态，走可持续发展之路，那么我们的发展道路不仅能走得更快，还能走得更远。另外，还有一种认为生态保护与经济发展同等重要、应该二者兼顾的声音，这与大部分民众认为的应保护生态、走可持续发展之路的方向是一脉相承的。在生态环境的重要性方面，大部分公民都给出了毋庸置疑的肯定态度。

除了对于生态的重要性给予充分肯定外，大部分民众对于我们未来生态环境的改善也表示颇有信心，没有受到不高的满意度现状的影响。一方面，民众对生态环境的现状满意度欠缺，仅有 2.86% 的人对现状表示满意，约七成的调查者表示生态现状一般，还有近三成的人认为现状较差。另一方面，民众也认为在党和国家的高度重视下，在全民的共同努力下，我们的生态环境会很快得到改善。接近三成的人对生态现状有较为理性的认识：生态环境一旦破坏将很难恢复，因此严重的污染问题将需要较长时间才能得到彻底解决。尽管问题具有紧迫性，大家还是对未来充满信心，在国家出台了系列整改措施，并且生态环境法治化逐步走向正轨后，生态环境定会日益好转。

3. 社会生态教育有待和学校生态教育共成体系

在大力推进生态文明建设的社会背景下，生态价值观的培育已经成了公民意识培育的一部分，媒体宣传（包括报纸、电视、广播等传统媒体和网络、自媒体等新媒体）成了生态价值观的社会传播的重要渠道。另一方面，学校教育成了学生接受生态价值观教育的重要阵地。生态价值的社会教育和学校教育各具特点。

以宣传为主要手段的生态价值观社会教育的特点是形式多样、内容广泛，它主要通过身临其境、耳濡目染的讲述来进行价值传递。公益广告、宣传画册、图示标语、动画视频、传单活页等，我们在生活中随处可见。同时，还有家人、好友、老师和同学的亲身经历和感悟的口耳相传，也是相关信息来源的渠道。其优点很明显：方便、快捷、即时、高效，同时，缺点也不容忽视，那就是信息泛而不精，准确性受限。

就拿我们现在接受的较多的生态价值观宣传来说，其主要内容是爱护环境、珍惜资源。其倡导的内容固然是对的，但大多只是口号标语式的宣传，缺乏了具体可行的途径说明，和深层次的原因阐述，对于生态价值的重要性，大家只知其然，不知其所以然。当对保护生态不仅指保护资源和环境，还应包含保护人与环境共处的关系和模式这一道理了解不清时，当对生态系统的平衡被打乱后，整个自然和人类面临灭绝的严峻后果认识不够时，任何以生态为名的倡导都只能浮于表面。

生态教育不仅要通过社会教育来宣传，政策法规来推动，还需要系统综合的学校教育来融汇贯通。不论是在高校还是中小学校里，教育主体对生态教育的施行都起着举足轻重的作用。大学生是经过了基础教育，即将走向社会的知识群体，是连接学校教育和社会教育的过渡。而中小学生则处于好奇心、求知欲和可塑性均较强，领会能力稍弱，但思想行为习惯逐渐成型的阶段，对中小学生进行良好的生态教育，能对社会主体的生态意识的内化起到铺垫和引导作用。总之，社会生态教育应与学校生态教育有机融合，互相补充和促进。

三、建立生态教育体系的路径探索

（一）生态教育的目标和步骤

基于生态价值观教育的实施现状，在"十三五"规划提出生态文明建设的背景下，我们应探求一条学校教育为主、社会教育为辅，以学校为主阵地，以家庭为后援团，以社会为检验场的多方发力合作、贯通实施，以建立系统融合的生态价值观教育体系为目标的，有效的生态教育途径。

在学校教育的层面，我们应以理论和实践研究为基础，对生态价值观教育进行充分的解析和认识。在系统完整的生态教育体系建立之前，我们应研究如下问题。

首先是认识层面，对生态价值观教育的定义与内涵、现状与问题、措施与成效、目标与意义进行探讨，力求建立一套完整的起支撑作用的理论体系。在研究理论的起步阶段，可以求同存异、集众家之所长，逐步由粗略到准确，由片面到全面，以坚实的理论基础带动后续教育活动的顺利开展。

其次是实施层面，要对各级各类学校如何有效实施生态价值观教育进行实地调研，深入了解现状和问题，及时解决困难，补齐短板。研究现状时，应包含教育管理部门和学校、教师、学生，分门别类，同时进行，积极听取各方的声音。学校层面要重点关注课程的设置、课时的安排、教育形式的选取等方面，有针对性地对不同年级的学生设计教材，考察是否做到教学适度、量质兼顾，发挥教育主体的能动性和创造性。

再次是成效层面，也是我们实施生态价值观教育过程中要秉承的原则。对生态价值观教育的预期成效要有明确清晰的界定，既充分认识其重要性和必要性，又不盲目夸大其作用。对其可能产生的正面影响要进行理性客观的预估和评价，对实施过程中可能出现的各种问题也要做好防范和应对措施。

　　基于以上层面，生态价值观教育的有效实施路径为：明确其性质和作用，完善其教育内容，丰富其教育形式，调动各教育主体，创造良好的教育环境，夯实基础，循序渐进，以教育、经济、社会的可持续发展为最高目标来实施生态价值观教育。

（二）生态教育的发展关键

　　有了以上基本框架体系的指导，实施生态教育的具体问题都落到两个关键点上：课程体系和师资建设。

　　中小学生态价值观教育入课程的相关思想可追溯到 1978 年，中共中央批准的《环境保护工作汇报要点》明确提出，普通中小学要增加环境保护的教学内容，此后，在小学自然、中学地理、生物等有关学科的教材中，开始出现环境保护的内容。1981 年，国务院提出，中小学要普及环境科学知识。同年，环境科学学会开始关注师资培训和教材出版问题。1987 年，国家教委在制定义务教育教学计划时，除了强调环保、生态教育要渗透在相关学科中以外，还提出有条件的学校应对环保生态教育单独设课。此后环境教育的计划和要求逐年在各次会议和教材审定中得到深化。1992 年，联合国环境与发展大会召开，我国新的教材审定将环境保护的知识和教学要求明确化、具体化，同时注意了与德育和国情教育的结合，我国的环境教育进入新的阶段。

　　时至今日，相关教材有了多次更新和发展，内容有了修改和调整，专业性和科学性越来越强。而具有地方和学校特色的校本课程建设则成为了生态教育课程体系建设的一个新方向。

　　除了课程体系外，另一个着力点便是师资建设。进行有序的生态价值观教育，离不开一批知识结构完善，生态素质全面，生态价值观内化的优秀教师队伍。生态价值观教育早已超越了"生态教育就是传授环保知识"这一片面观念，它应该教授的不仅是环保知识，还是一种处于生态环境下的关系。因此，过去由于课程渗透的教学方式造成的生态课程老师多由其他相关课程老师"兼职"的情况，应该逐渐得到改变，一是在生态教育的课程体系明确完善的前提下，培养一批生态教育专职教师，二是在上述目标达成之前，对现有的相关课程教师进行全面系统的培训，使其具有教授好这门课程的能力。

　　对环境教育进行观察和分析后，我们看到了它的内核：生态价值观教育。而在学校教育为主，社会教育为辅，教学和渗透双管齐下的教学模式下，在教育部门牵头，环保、宣传部门配合，全民参与的积极态势下，我们的环境教育到达可持续发展的日子指日可待。

（三）生态教育的体系构建

在习近平新时代社会主义生态观的指导下，我们应加强生态教育的体系构建，以生态教育的发展促进生态文化的培育和充实，以生态教育的成效孕育生态文明的果实萌生。考虑到未来生态教育的发展，应以《国家教育事业发展十三五规划》中对生态教育的表述为教育目标，同时结合最新发布的《公民生态环境行为规范（试行）》为依据，从学校生态教育体系构建、社会生态教育环境营造、生态管理制度保障等方面共同构筑一体化的生态教育文化体系。

首先，应加强构筑大中小幼一体化的学校生态教育体系。各教育部门应充分认识生态教育在生态文明建设和生态文化体系构建中的基础和引领作用，积极响应教育"十三五"规划中"强化生态文明教育，将生态文明理念融入教育全过程"的号召，一方面加强生态课程研发，设立专门的生态教育教学大纲，对各学段应包含的教学内容和各阶段教育目标做出明晰的规定。同时加强师资培养，以专业的生态教育教师为学校生态教育注入活力。另一方面研究生态思想对其他课程的指导意义，加强生态文明理念在教育过程中的融入，从发展狭义的生态学科扩充为发展广义的可持续发展的教育事业。

其次，应营造全民参与、政府支持的社会生态教育的良好文化环境。一是重视媒介的宣传教育作用，把握好"互联网＋"的时代背景，开发网络生态课程、打造生态理念交流平台，提供正能量，重视网络舆情，引导公众绿色低碳生活；二是加强政府公共服务，大力发展公共交通、鼓励绿色出行。出台共享经济等新业态的规范标准，推广绿色产品。为垃圾分类回收等生态实践提供设施支持和便利条件，提倡绿色生活。反对奢侈浪费之风，推行绿色消费。以绿色家庭、绿色社区等的构建带动绿色社会的形成。三是社会民众和党政干部都要提高自身生态素养，将理念转化为实际行动，以自律和他律相结合的方式，共同促进社会生态教育在生活和工作中的成效体现。

最后，应加快建立系统完整的生态文明制度体系，为生态教育提供制度保障。中共中央国务院印发的《生态文明体制改革总体方案》提出，到2020年，我国要构建起由八项制度构成的生态文明制度体系，推进生态文明领域国家治理体系和治理能力现代化①。其相关制度的细则充分考虑了我国的基本生态国情和以建设美丽中国为目标的阶段性特征，既对我们全面推进生态教育提供了制度支持，又是对当前生态教育成效的检验。习近平总书记指出，要改革生态环境监管体制，加强对生态文明建设的总体设计和组织领导②，加快构建生态文明体系，加快建立健全以生态价值观念为准则的生态文化体系。我们应以制度改革为着力点，为加快文化建设的进程提供坚实的制度保障。同时，我们应以《中国教育现代化 2035》关于全面落实立德树人根本任务的教育现代化发展要求为指导，将生态教育作为立德树人的重要内容和实践推手，以生态教育课程体系的建立健全推动生态文明的发展和生态文化体系的构建，进而助力教育现代化和立德树人根本任务的落实。

总之，以正确的思想认识为根基，以充足的具有专业素养的生态教育教师为主干，以内容丰富、形式多样的课程体系为经脉，而学生则为茂盛的枝叶，良好的人文环境和制度体系为阳光雨露，将共同培育好生态教育这棵参天大树。

---

① 中共中央　国务院印发《生态文明体制改革总体方案》［EB/OL］. http：//www. gov. cn/guowuyuan/2015 –09/21/content_ 2936327. htm，2015 –09 –21.

② 习近平指出，加快生态文明体制改革，建设美丽中国［EB/OL］. http：//cpc. people. com. cn/19th/n1/2017/1018/c414305 –29594512. html，2017 –10 –18.

第九章　生态教育的课程体系建设

一、生态教育课程建设总体规划

（一）生态教育课程建设的意义及目的

生态文明课程体系是当前生态文明教育的重点建设领域，其具有两个特点，一是具有常规课程体系的共有特点，二是以生态文明教育为主要内容使其具有特殊性。综合常见的课程定义"学习进程"与"学校为学习者提供的教育内容"两方面内容，我们可以得出一个将动态角度和静态角度相结合的对于"课程"的定义，即"学校开设的教学科目及其进程"。可见生态教育课程主要包括生态教育的教学内容和进度安排两方面。

课程体系建设在目前的生态教育中具有紧迫性。生态教育的课程体系建设在生态教育整体发展战略中具有"排头兵"的意义，课程是教学的基础和切入点，生态教育课程建设的完善能全面提高生态教育教学水平，明确教学目标，改善教学条件，促进教学研究，从而促进教育质量提升，保证教育目标实现。然而我们的"排头兵"建设目前尚不完善，师生都对生态教育课程建设、教材开发、师资培养等表达了期待，课程建设是全面深化推进生态教育亟待解决的重点问题。

生态教育课程体系建设具有以下几个目标：一是确定生态教育的教学内容及实施步骤，二是对总体教学目标进行分解细化，三是创造和培养与课程教学相适应的教学条件和师资力量。教学内容方面，应以教学大纲的制定和完善为载体，结合本学科领域内的前沿研究和进展，形成内容丰富、前后连贯、深入浅出、难易有度的知识体系。目标分解方面，应将总体目标和阶段目标有机融合，形成双向贯通的模式，即总目标可以分解成若干阶段目标，而阶段目标也可以有机生成总体目标。教学条件和师资力量，则是课程体系建设的重要保障，也可以理解为教育硬件和软件资源的双重建设。另外，在上述课程建设和教学活动中，应充分利用互联网资源的便利条件，开发建设网络课程和实践交流平台，将网络资讯传播渠道和学校教育有机结合起来，将互联网媒介充分融入到教学实践的各环节中。

（二）生态教育课程建设的基本原则

生态教育课程建设是提升生态教育教学效果的关键，是全面推广学校生态教育的前提，是提升民众生态素养、建设生态文明的抓手。建设生态教育课程体系应注意一些基本原则。

第一，课程的系统性。生态教育课程内容应自成体系，既有总体目标做指引，又有分阶段目标指导具体实施，在知识的布局安排上应前后衔接顺畅、条理一致、目标清晰、逻辑严谨，同时内容不间断、不跳跃，循序渐进，娓娓道来。在呈现方式上力求通俗和生动兼具，以一种教育对象能接受的形式进行传播，确保知识的专业性和全面性。系统性也是我们在建设课程体系时应该力求的一大目标。

第二，内容的现实性。一方面，生态教育课程建设要以大量丰富的、经典的、传统的理论作为背景和支撑，充分学习和接受前人的思想精华，借鉴其思考和解决问题的方式。另一方面，也要考虑实际水平和目标需求，从现实出发，加入一些最新的研究发现，加速知识的更新，以求我们的教育目标能接受到该领域的最新成果，从学习阶段就接触到领域的最前沿。

第三，操作的可行性。首先是教学内容应难易适中，使得学生易接受，教师可推广；教学设计应实操性强，对于教学工具的要求应去繁从简，利用当下广泛使用的教学工具即可，不应为了求新就求贵、求难、求怪。其次要切实考虑教育需求，课程设计应从目标人群的需求中来，奔着实现教育目标的要求去。

第四，传播的广泛性。是否易于传播是衡量一门课程设计好坏的重要因素，较高的传播性能强化学习者的主观感受，增强教育主体的学习主动性，还能促进教育者和受教育者之间的信息交流，改善学习效果。生态教育课程设计应留意课程内容和展现形式的趣味性、生动性，使学生易于接受，使老师乐于传播。

第五,渠道的多样性。生态教育具有全面建设生态文明、建立生态文化体系的社会背景。进入新时代后,由于信息技术的高速发展,使得生态教育具有兼容学校课程和网络课程的时代特点。因此在课程建设时应拓宽视野,重视但不限于传统的学校课程体系建设,应开发多渠道的课程形式,综合利用学校课程和网络平台,以多样化的课程形式适应新时代的发展。

(三)"互联网+"背景下的生态教育课程总体设计

2015年3月,李克强总理在政府工作报告中提出"互联网+"行动计划,标志着新一代信息技术产业的发展将互联网与社会各领域深度融合的开始。"互联网+"教育是利用互联网技术和思维,对传统的教育方式进行改造、方法进行创新、资源进行丰富、渠道进行扩充的一种高效、便利的新教育形态。

网络资源在信息时代具有丰富教育资源的特殊性。《国务院关于积极推进"互联网+"行动的指导意见》指出,互联网是推动技术进步和效率提升的经济社会发展新形态,在创新公共服务模式上发挥着重要作用。而"互联网+"在教育事业的发展中,能极大程度地扩展教育资源、丰富教育渠道、优化教育工具、激发教育活力、创新教育要素,"互联网+"背景能改变传统的教育基础设施和课程体系建设思维,为生态文明课程体系建设打开新思路。"互联网+"能极大地提升教育的开放性、灵活性,增加教育资源获取的便利性,增加作为教育主体之一的学生的能动性,是顺应信息时代发展的要求。

以《中国教育现代化2035》关于全面落实立德树人根本任务的教育现代化发展要求为指导,将生态教育作为立德树人的重要内容和实践推手,以生态教育课程体系的建立健全推动生态文明的发展和生态文化体系的构建,进而助力立德树人根本任务的落实。

我们应结合"互联网+"的时代背景,以教育现代化的宏伟蓝图为指导,建立一套具有开放性、融合性、创新性、安全性的生态文明课程体系。开放性是现代教育国际化发展,教材课程全球共享背景下对课程的基本要求,具有开放性的课程体系能扩大其服务面,提升课程设计者的劳动价值,也能获得更多的来自各方面的反馈,对及时修改完善课程内容极具意义。融合性则是对开放性意义的另一个角度的解读,因为课程体系的开放性而使得各种文化背景、各种观点、各种授课形式能较好地融合发展,也因为课程体系融合了多种资源而更具开放性。创新性是我们在课程设计和教学教研中一直追求的目标,较高的创新性能激发教学活力,提升教学效果,延展教学目标。安全性则是互联网时代开发网络平台、建设网络课程应注意的一个特殊因素，网络信息由于获得快、渠道多使得其使用非常便利，同时也存着被一些不良信息误导的风险，因此要加强监管，肃清网络信息平台，使网络课程环境洁净规范，使学生用得安全，使老师和家长们放心。

（四）生态教育课程体系设计的主要内容

生态教育课程体系应包含五大方面的内容，是进行课程设计时应紧紧围绕的中心要点，也是衡量课程建设优劣的评判标准。

第一，生态教育课程设计应明确生态课程的价值与目标，这是进行生态教育和课程建设的前提。一方面，生态课程是传播生态文明思想、建设生态文明社会、构建生态文化体系的基础，是联系生态教育学习者和教授者的纽带和桥梁，是运输和传播生态科学知识的载体，在生态文明教育中具有基石性的作用。另一方面，生态教育课程建设的目标是建立一套大中小幼一体化的生态教育课程体系，将整体目标细化成阶段目标，同时阶段目标使生态教育的分阶段实施具有可行性、科学性，用循序渐进的教育过程保证其教学成效，最后阶段目标的有机综合便能合成具有系统性的教育成果。

第二，生态教育课程建设应注重生态课程的开发与设计，这是明确指导思想、确定发展方向后，进入到实践环节的第一个步骤。课程的开发包含了两个过程，一是自身学习、理解、领会生态教育应包含的相关知识，将系统科学的生态知识内化为自身素质的过程；二是选择知识点和表现形式、转化表达方式，将相关知识通过一定的语言文字、图表、声像等，向学习者表述出来的过程。生态教育课程设计则应在把控上述开发过程的基础上，考虑到生态课程与其他相关课程的交叉性，生态知识传播的难易度，传播渠道和方式等个性问题，设计一套利于教学展开的课程形式。总之，课程开发重内容，课程设计重表现形式，二者共同贯穿于课程建设的全程。

第三，生态教育课程建设应丰富生态课程的资源与内容，这主要依靠"互联网＋"的时代背景，从网络平台的建设和网络课程的开发上着手。生态课程资源的丰富程度从某种程度上决定了课程的开放性与包容性。如果课程资源与社会经济发展和人民生活密切相关，那么课程的生动性、趣味性和实用性都会增加。如果课程资源的选取方式和来源渠道具有多样性，那么课程内容的获得也会相对简便快捷，提高效率。一方面，我们应充分认识生态教育应包含的知识体系，分辨其与自然、地理、品德、美育等学科的交叉重叠区块和边界，认识这些学科的培养目标和培养重点之间的异同，使生态教育课程的内容既具个性，又具兼容性。另一方面，课程内容的丰富应依托于课程形式的多样，网络资源的利用和监管应作为重点，要以学校教育课程为基础，以社会教育为重要补充，重视网络资源，重视社区和家庭教育，重视师长同学间的交流影响，形成多方合力的生态教育课程资源体系。

第四，生态教育课程建设应考虑生态教育课程的实施与过程，这是将诸多美好设想落地的过程，也是对课程设计进行检验的过程。鉴于生态课程建设应考虑到可实施性，课程设计时应从以下几方面来把握。一是课程内容应分级分类区分难度，从目前的教育现状出发，切忌目标定得太高、与现实差距太大，若是不能基于现实，再好的设想也不过是纸上谈兵。二是学校课程与网络课程的比例要适度，同时在课程内容涵盖上各自应该全覆盖，对于某一知识点的讲授，是选择传统课堂方式还是网络课程形式，应将选择权交给施教者。毕竟，虽然网络技术飞速发展，即将进入 5G 时代，但是在一些偏远贫困地区，网络教学资源还不是那么发达，但是那里的学生所处的自然环境却是一个天然的生态大课堂，这样的情况下，选择体验式的户外教学不失为更好的方式。因此，我们要基于"互联网 +"教育的模式进行课程设计，但是不能一味将重心放在网络资源开发而忽略了学校课程本位，切不能顾此失彼、本末倒置。

第五，生态教育课程建设应包含生态教育课程的管理与评价，这是课程建设全过程的最后一个环节，也是体现生态课程建设成效的环节。课程管理的好坏，能直接影响课程与老师、学生的关系及教与学的感受。课程评价能及时反馈，促进课程改进和完善。课程管理，要宏观管理与微观管理相结合。宏观管理是对教育部门和学校的管理，需要一定的战略高度，要从国家教育发展"十三五"规划关于生态文明教育和生态课程建设的总体目标出发，把握定位、找准方向，加强对教育管理部门和学校管理者的思想教育，使其充分认识生态教育课程建设的重要性。同时应认真组织部署，加强对课程的使用管理，切实提升课程的教学成效；微观管理则是对具体的施教个体教师的管理，由于每个教师都具有个体的特殊性，使得他们在面对同一套课程教材的时候，都可能出现大相径庭的处理方式。因此需要在保留和提倡个性的同时，划界线、定底线，规范教学过程，明确目标要求，使老师们有规矩地自由发挥，有依据地想象创造。课程评价，应立于教学一线，源于教学者，反馈给教研者。将基层的课程使用感受和改进建议与研究者的研究结果充分结合。课程评价的目的是为了使课程得到更好的改进，教学收到更好的效果。

二、生态教育课程体系分阶段目标

（一）生态教育课程设置分阶段目标的意义

生态教育课程体系在完成总体设计后，便要考虑阶段目标，因为课程的阶段性和层次性是将课程整体目标推入具体实施环节的要素。生态教育课程体系设置分阶段目标，一是指各实施阶段的目标，二是指各学段和各年级的教学目标，后者是重点。设置分阶段目标有如下几方面的意义。

第一，设置分阶段目标能充分吸收过去的发展经验，使生态教育课程体系目标更为明确。我们的生态教育课程建设已走过了四十年的历程，从 1978 年中共中央发布的《环境保护工作汇报要点》提出普通中小学要增加环境保护的教学内容，中小学生态教育课程开始了探索并初见雏形。1990 年 "环境教育" 一词首次在国家教委印发的教学计划中出现，以环境教育为主要内容的生态教育的重要性得以提升和明确。2001 年生态教育课程建设在国家课程改革中被提及，生态教育从增加相关内容发展为建设相关课程，有了质的飞跃。2015 年生态文明教育作为素质教育的重要内容被提出，2017 年《国家教育事业发展十三五规划》明确提出强化生态文明教育，鼓励生态教育课程教材的开发，生态教育和课程建设正式被写入国家教育发展规划。四十年的发展历程，使得生态教育的重要性被明晰，课程建设的任务被突出。虽然过去一直在探索，但是生态教育课程体系建设目前尚没有一条明确的路径，因此需要将整体目标细分为阶段性目标，使其更明确、更具体，以增加其可行性，使阶段性目标更易于领会和传播。

第二，设置分阶段目标能将总体目标进行分解细化，易于施行和实现。总体目标具有导向性，一般有一定的站位高度，而分阶段目标则具有可操作性，一般与现实接轨。分阶段目标的逐个实现过程，是一步步接近总体目标的过程。分阶段目标之所以易于实现是出于几方面的原因，一是将总体目标细化后，降低了难度，增加了各个击破的可能性。二是将目标分解也增加了明晰性，分阶段的生态教育课程能有效结合该学段的学生的认识能力、认识程度、认识水平和认识特点，设计适合该阶段学生的课程。三是分阶段目标针对的是某一个学段或年级的学生，具体施行起来具有灵活性，当需要调整时也由于涉及面较小而使影响可控。四是分阶段目标使每一个目标都更具体，使各年级的老师在教授相关课程时，更有主动性去探索和发掘与课程相关的素材和资源，激发老师的教学活力和创造力。五是分阶段目标更易于评价和改进，课程建设的最后一环是对课程的管理和评价，而分阶段目标不仅使对课程的管理和评价易于实施，而且使对学生的学习评价更易于比对和操作，并基于对课程本身或老师使用课程的反馈以及学生的学习成绩，对课程进行改进。

（二）　生态教育课程设计分阶段目标要考虑的因素

生态教育课程设计分阶段目标能细化、简化课程总体目标，使执教老师易于施教，使学生易于领会课程内容，使生态教育便于实施和推行。生态教育课程建设在设计分阶段目标时，还应考虑与课程相关的其他一些因素，使课程设计更为科学合理。总体说来，影响生态教育课程分阶段目标的因素有各阶段教育现状、学生生态素养和能力，师资水平，教育硬件设施，社会文化氛围，政府和教育部门支持力度，资金保障等。

各阶段生态教育现状是设计课程目标时首先要考虑的因素，是与课程内容、难度、课程形式等直接相关的变量。教育现状是课程设计的根源，进行课程设计前应充分调查了解各阶段的学习现状和学生素养能力，以便因材施教、分类施策。而我国的生态教育现状存在如下特点：大学生和中小学生都对生态教育的热情较高，都愿意参与生态教育，并希望有专门的生态教育课程，接受系统科学的生态教育。实践方面，生态教育的状况与当地素质教育的推行情况基本一致，教育资源丰富、教育投入较多的地区生态教育情况较好，而一些生态环境好、经济相对落后的地区，生态教育的推行较慢，没有利用好当地的天然资源优势。因此我们在设计生态教育课程的时候，学前和义务教育阶段的目标应加入结合地区生态特点，认识地区生态资源的课程目标。

各学段的生态教育软硬件资源是设计分阶段目标时也要考虑的因素。师资水平和硬件设施的好坏决定着课程目标落实的程度，教师是传播课程内容的载体，硬件设施是实现课程目标的工具。我们的生态教育课程分阶段目标应结合各阶段师资储备和水平，基于硬件设施条件，设计既充分利用现有教学资源，又能培养和调动教师积极性的课程内容。我国目前基础教育阶段的生态教育师资还比较缺乏，这与我们的课程建设和过去的师资培养有关。生态教育目前尚未成为一门独立的学科，大多是在其他相关学科中渗透。因此，对于德育、自然、地理等学科教师的生态素养的培养显得尤其重要，在专门的生态教育教师进入学校之前，他们就是中小学进行生态教育的主力。生态学成为一级学科的时间还不长，生态专业师范生的培养尚在起步和发展阶段，生态教育师资的丰富还任重道远。

社会文化氛围也能影响生态教育课程建设及分阶段目标的设置。自党的十八大提出全面建设生态文明后，全社会掀起了建设生态文明，培养生态素养的绿色风尚。党的十九大提出要将建设生态文明作为"中华民族永续发展的千年大计"，到 2035 年"生态环境根本好转，美丽中国目标基本实现"，将建设生态文明提上了前所未有的高度。生态环境部等五部门在 2018 年六五环境日联合发布《公民生态环境行为规范（试行）》，引领公民践行生态环境责任。我们现在所处的社会环境非常重视生态文明建设，习近平总书记提出的建设生态文化体系的目标将立德树人的生态教育目标上升为社会目标，现在的文化环境对于推广生态教育，建设生态课程体系是非常有利的。因此课程阶段目标应更明晰，更具体，同时教育内容应有所丰富，难度适当提升，以与人民群众的较高期望相符合。

政府和教育部门的支持力度、资金保障等是决定生态教育课程建设成效的重要因素。政府投入的力度越大，教育部门越重视，资金保障越充足，则生态教育的课程建设越有保障。首先，生态教育的课程研制需要有大量的人力做保障，不论是从教育一线为课程建设和改革提出建议，还是从教学研究的角度给予充分的理论支持，还是从实地调研中听到师生们最真实的反馈，都需要以人力投入作为基础。其次，教育管理部门的重视程度，能决定课程目标设计的精细程度，也能决定目标的实现程度。再次，资金保障在生态课程建设方面显得尤为重要，生态教育课程不同于其他课程的一方面是它有较大的实践占比。生态实践的基地、设施建设，及以后的每次实践活动的展开，都需要资金支持，充足的资金保障使得实践课程的设计能放开束缚，从课程效果入手，也利于课程分阶段目标的设计和实现。

（三）生态教育的具体阶段目标

生态教育的具体阶段目标可从学校生态教育和社会生态教育分别来看，社会生态教育也可对在校学生进行，与学校生态教育并不矛盾，只是教育对象更广，受众面更大。而生态教育课程体系建设则可将传统学校课程和基于"互联网＋"的网络课程同步进行，形成互相融合、互相补充的课程体系。而生态教育分阶段目标也可包含学校教育和社会教育两方面。根据教育部 2003 年发布的《中小学环境教育实施指南（试行）》，生态（环境）教育旨在引导学生关注家庭、社区、国家和全球面临的环境问题，正确认识个人、社会和自然之间相互依存的关系；帮助学生获得人与环境和谐相处所需要的知识和技能，养成有益于环境的情感、态度和价值观；鼓励学生积极参与面向可持续发展的决策与行动，成为有社会实践能力和责任感的公民。各年级的具体教学目标都包含情感、态度与价值观，过程与方法，知识与能力等方面。

1. 学校生态通识教育的阶段目标

我们所关注的学校生态教育指学校的生态素养通识教育，不包含生态专业的学科教育和课程建设，后者需要更高的专业性，应由该领域的专家来进行。我们所研究的生态素养通识教育主要针对学前儿童、中小学生、非生态专业大学生（包括研究生）进行，各阶段目标难度依次增加，内容逐渐深化，在教育目标和学生应具备的生态素养方面，下一阶段内容包含前一阶段。学校生态教育的分阶段目标如表 9 - 1 所示。

表 9 - 1　　　　　　　　　学校生态教育的分阶段目标①

学段	教育目标	学生应具备的素养	课程形式	教育形式	教育要求
学前	认识大自然	爱自己，爱家园。	实践	学校＋社会	认识生态
小学	认识生态系统	爱家乡，保护自然环境；揭示自然规律、探究生命科学。 1 - 3 年级：亲近、欣赏和爱护自然；感知周边环境，以及日常生活与环境的联系；掌握简单的环境保护行为规范。 4 - 6 年级：了解社区的环境和主要环境问题；感受自然环境变化与人们生活的联系；养成对环境友善的行为习惯。	课堂＋实践	学校＋社会	保护生态

① 各年级的具体教育目标参考教育部 2003 年发布的《中小学环境专题教育大纲》。

续表

学段	教育目标	学生应具备的素养	课程形式	教育形式	教育要求
中学	认识人与自然的关系	保护环境，维持生态平衡，传播生态理念；具备生态文明观和生态审美能力，具有生态环境保护行动技能及发展素养。 初中：了解区域和全球主要环境问题及其后果；思考环境与人类社会发展的相互联系；理解人类社会必须走可持续发展的道路；自觉采取对环境友善的行动。 高中：认识环境问题的复杂性；理解环境问题的解决需要社会各界在经济技术、政策法律、伦理道德等多方面的努力；养成关心环境的意识和社会责任感。	课堂+实践	学校+社会	倡导生态理念
大学	认识人类社会与生态系统的关系	了解生态文明同经济、政治、社会、文化发展的关系，以生态价值观和可持续发展的眼光看待世界。	课堂	学校+社会	融合生态素养

　　生态素养可通过分阶段的生态教育来实现，具体而言，学前阶段的生态教育目标为教会小朋友认识大自然，认识一花一草一木，认识山川河流，认识风雨雷电，认识飞禽走兽，让小朋友们对我们所处的自然界有一个整体的形象感知，从而使他们爱自己，也爱自己所生活的家园。小学阶段的生态教育目标要在之前的基础上更进一步，教学生认识大自然中的生态系统，以系统、整体、循环的视角将生态系统中的各要素联系起来，不仅要培养他们对家乡的热爱，也要因为对自然的爱而具有保护的行动。中学阶段的生态教育目标，要让学生进一步认识生态系统与人类的关系，了解生态平衡的维持机理和重要性，不仅自身做到保护自然环境，还要倡导和传播生态文明理念。而大学阶段的生态教育，则要让学生在上述认识和行动的基础上，具备生态价值观和可持续发展的眼光，了解生态文明同经济、政治、社会、文化发展的关系，以"五位一体"的整体发展思路指导日常生活。上述四个阶段的生态教育目标，对学生的学习要求是逐渐加深的，从认识生态深化到保护生态，从自身行动扩展到传播理念倡导他人，最后将生态文明理念融入到学习生活的各环节中，以自内而外的生态素养共建生态文化体系和生态文明社会。

2. 社会生态教育的目标

社会生态教育的目标应结合生态环境部等五部门在 2018 年六五环境日联合发布的《公民生态环境行为规范》来制定，该文件提出了现阶段规范公民的生态行为，营造绿色家园，建设生态文明社会的十点具体要求，可作为推行社会生态教育的目标参考。社会生态教育的目标如表 9 - 2 所示。

表 9 - 2　　　　　　　　　　社会生态教育的目标

目标	行为规范要求
关注生态环境	关注环境质量、自然生态和能源资源状况，了解政府和企业发布的生态环境信息，学习生态环境科学、法律法规和政策、环境健康风险防范等方面知识，树立良好的生态价值观，提升自身生态环境保护意识和生态文明素养。
节约能源资源	合理设定空调温度，夏季不低于 26 度，冬季不高于 20 度，及时关闭电器电源，多走楼梯少乘电梯，人走关灯，一水多用，节约用纸，按需点餐不浪费。
践行绿色消费	优先选择绿色产品，尽量购买耐用品，少购买使用一次性用品和过度包装商品，不跟风购更新换代快的电子产品，外出自带购物袋、水杯等，闲置物品改造利用或交流捐赠。
选择低碳出行	优先步行、骑行或公共交通出行，多使用共享交通工具，家庭用车优先选择新能源汽车或节能型汽车。
分类投放垃圾	学习并掌握垃圾分类和回收利用知识，按标志单独投放有害垃圾，分类投放其他生活垃圾，不乱扔、乱放。
减少污染产生	不焚烧垃圾、秸秆，少烧散煤，少燃放烟花爆竹，抵制露天烧烤，减少油烟排放，少用化学洗涤剂，少用化肥农药，避免噪声扰民。
呵护自然生态	爱护山水林田湖草生态系统，积极参与义务植树，保护野生动植物，不破坏野生动植物栖息地，不随意进入自然保护区，不购买、不使用珍稀野生动植物制品，拒食珍稀野生动植物。
参加环保实践	积极传播生态环境保护和生态文明理念，参加各类环保志愿服务活动，主动为生态环境保护工作提出建议。
参与监督举报	遵守生态环境法律法规，履行生态环境保护义务，积极参与和监督生态环境保护工作，劝阻、制止或通过"12369"平台举报破坏生态环境及影响公众健康的行为。
共建美丽中国	坚持简约适度、绿色低碳的生活与工作方式，自觉做生态环境保护的倡导者、行动者、示范者，共建天蓝、地绿、水清的美好家园。

专栏 1　社会团体以实践活动践行生态科普①

　　社会团体组织和参与的生态实践活动，是社会生态教育的重要形式来源，为民众生态素养的提高、社会生态文化的营造做出了重要贡献。与生态文明实践有关的团体有很多，本书中选取北京市科学技术协会主管的北京生态修复学会、北京水源保护基金会、北京生态修复与环境保护联合体等为代表的社会团体进行的社会生态教育活动，展示社会生态教育的趣味性、多样性、亲民性和实用性。

　　（简介：北京水源保护基金会成立于 2008 年 1 月 30 日，是中国第一家以水源保护为己任的慈善基金会，为保障水安全，推广水科普，宣传水文化做出了不少贡献。北京生态修复学会成立于 2014 年 12 月 28 日，2015 年 7 月 2 日在北京民政局注册登记为社会团体法人，是聚焦生态修复理论与实践发展的社会团体，自成立以来组织了大量有影响的生态修复相关活动，并牵头成立了北京第一家学会联合体。北京生态修复与环境保护联合体成立于 2016 年 12 月 23 日，联合了包括北京生态修复学会、北京环境科学学会、北京水源保护基金会、北京水利学会等在内的 25 家科技社团，旨在组织跨学科的大型学术活动，进行多学科协作的生态评价、咨询、研讨和推介。）

　　1. 公益校园科普讲堂

　　（1）2018 年 3 月 26 日，以"人水绿共享的生态水系治理实践"为主题的科普讲座在通州运河中学举行，该讲座以永定河生态修复项目为示例，内容既生动有趣又不乏专业性。主讲人从多方位切入，包括错误的工程案例、永定河的历史变迁、治水理念、治水方法与技术、水文化等，为参加活动的 1000 余名高中生展示了新时代水生态的实践与发展。

　　（2）2018 年 7 月 21 日上午，在北京市大兴区明圆学校，举行了"上善若水，关注打工子弟"——"安全水缘——水语课堂"公益科普活动。主讲人为活动现场的学生及家长上了一堂旨在提高安全健康饮水意识，养成良好饮水习惯的"科普课堂"，在切实改善学生饮水条件的同时，积极宣传绿色健康的生活方式，助力更多打工子弟学校的学生健康成长。

　　2. 公益社区科普实践

　　（1）2018 年 4 月 24 日，在北京市科学技术协会和北京市地质矿产勘查开

---

　　①　感谢北京市科学技术协会北京生态修复学会于立安主任的资料支持。

发局的指导和北京生态修复与环境保护联合体的组织协调下，北京地质学会、北京生态修复学会和北京东城区低碳生活示范园南馆公园共同举办了"世界地球日"科普宣传活动，并得到了北京土地学会、北京水源保护基金会、北京腐蚀与防护学会、北京数字科普学会、北京环境科学学会以及北京食用菌会等科技社团的支持。该活动得到了民众的积极参与和热情反馈。

（2）2018年9月28日，为提高地区群众对东坝水系的历史文化认同感和爱水护水的环保意识，北京市朝阳区东坝地区工委、北京市朝阳区东坝地区办事处及北京水源保护基金会组织开展了"清水东坝"环保公益行志愿活动。活动发挥了志愿组织和志愿者在"加强对水资源、水环境的保护宣传"方面的积极作用。

3. 公益体验宣传

2018年9月22日，第二届"公益健步行走，守护水源健康"活动在密云万科弗农小镇开幕，口号是"走向绿水青山，走出健康身体，走向美好生活，走出精彩人生！"此次健步走涵纳了永定河、温榆河、翠湖、密云水库、大运河、青龙湖等6处北京的亲水散步地点，以接近人们日常生活的方式向大家宣传了绿色生活的无处不在，让大家体验了亲身践行绿色生态的乐趣。

4. 展览论坛和示范

（1）2018年10月10日至12日，由中国水利学会主办，北京水源保护基金会等单位协办的第十三届中国水务高峰论坛于在北京展览馆举办。现场展示了河流生态系统修复技术，举行了特色工程研讨会，并邀请了有实践经验的嘉宾做报告，以颇具专业深度的视角为现场听众拓宽眼界、开辟思路。

（2）2018年10月9日至16日，全国大众创业万众创新活动周北京会场暨中关村创新创业季活动在海淀区中关村国家自主创新示范区展示中心拉开帷幕。依托北京市科协的平台，会员单位某生态景观公司在"生态环保，绿色再造"板块，做了海绵城市建设中高速公路雨水收集利用的展览，为大家生动解读了生态技术在日常生活中的建设和利用，宣传了建设生态文明社会的重要性、必要性和紧迫性。

社会生态教育多依托实践活动的形式进行科普教育，主要由社会团体举办，并联合学校、社区、公司等，扩大活动受益人群，深化影响力。与学校联合举行的科普讲座活动也是学校生态教育中的实践教育的重要形式，从这个角度来看，学校生态教育与社会生态教育并不是完全独立的体系，二者互相融合和促进，尤其是学校生态教育中的实践课程，大多要与社会生态教育相联系。

走进社区的公益科普和体验宣传活动，与普通民众的联系最为紧密，也是日产生活中最常见的社会生态教育的形式。这类教育具有灵活性和亲民性，通常以老百姓喜闻乐见的方式举行，主要功能是以"润物细无声"的方式进行生态文明理念和生态素养的渲染，它没有强制性的说教，而是以感同身受的方式让大家耳濡目染。另外，还有联合公司举行的论坛和展示活动，其专业性和技术性更强，主要面向生态科技相关产业的从业人员，是他们进行咨询更新的重要来源。生态科技单位举行的生态教育，让从业者获取前沿信息，保持专业热情，也能让对生态技术感兴趣的民众接触到一线的技术实例，从而更全面地了解生态技术，获取生态素养，运用生态知识，共享生态社会。

三、生态教育课程体系目标的实现

生态教育的课程体系目标实现，主要依靠学校生态教育的课程建设，同时紧密结合社会生态教育的补充和催化作用。切入点则是在充分了解学校生态教育与社会可持续发展的关系的基础上，做好几方面的保障。

（一）加强对现有课程的了解和对未来发展趋势的研判

生态教育课程建设的现状是实现课程体系目标的背景和基础，而未来发展趋势则是我们应参考的方向和依据。1990 年，"环境教育"一词首次在国家教委印发的《现行普通高中教学计划的调整意见》中出现，开启了探索学校生态教育的历程。2001 年，教育部印发《基础教育课程改革纲要（试行）》，把培养环境意识作为体现时代要求的培养目标列入其中。生态教育课程建设成为基础教育课程改革的重要内容。2003 年教育部发布《中小学环境教育实施指南（试行）》，对 1－12 年级的环境教育目标做出了具体要求。这一阶段，我国的中小学生态教育主要依托德育、生物、地理等相关学科的课程标准和教材，在落实"增强学生的环境保护意识，养成保护环境的观念"的要求中进行，生态教育课程建设在相关学科的丰富中得到发展。

2004 年，普通高中的课程改革全面启动。2011 年，教育部修订了义务教育课程标准，把生态文明教育内容和要求纳入了相关课程目标中。2014 年，教育部印发《关于培育和践行社会主义核心价值观 进一步加强中小学德育工作的意见》，明确要求各地各校普遍开展以节约资源和保护环境为主要内容的生态文明教育。2015 年，《中共中央 国务院关于加快推进生态文明建设的意见》提出"把生态文明教育作为素质教育的重要内容"，"生态教育"的概念正式被纳入素质教育中。2017 年《中小学德育工作指南》发布，将生态文明教育作为重要的德育内容加以强调。同年《国家教育事业发展十三五规划》提出强化生态文明教育，将生态文明理念融入教育全过程，并鼓励进行生态教育课程教材的开发。至此，生态教育课程教材建设被国家教育规划明确提出。2018 年年初，全面修订后的新的普通高中课程方案和各个课程标准正式颁布，高中阶段的新教材正式开始使用。在过去相关政策的鼓励下，生态教育课程的教材编制得到了不少学者专家的支持，近年有不少生态文明教育的专门教程（教材）出现。部分生态文明教育教材的内容如表 9 - 3 所示。

表 9 - 3　　　　　　　　部分生态文明教育教材内容展示

书名	出版社	目标人群	主要内容
儿童生态道德教育	中国环境出版社，2014	儿童科普	自然界中的水；水与人类社会；水的可持续利用。
环境保护与生态文明建设读本	湖南教育出版社	小学（7 - 10 岁）	环境保护和生态文明建设知识；树立尊重自然、顺应自然、保护自然的生态文明理念。
生命 生态 安全	人民教育出版社 四川教育出版社，2015	四年级	热爱生命；水是生命之源；防治水污染；万物共存；发烧的地球。
生态文明教育	湖南教育出版社	九年级	钱有多重要；我们身边的污染；生态旅游；生态消费；明智选择化学品。
生态文明教育丛书（1 - 18 册）	福建人民出版社，2016	一至九年级	（以九年级下册为例）生态文明：决定地球命运的选择；生态学：生态文明时代的科学；生命是生态系统；生态伦理；人类生态学；生态经济学；生态学与经济学的对话；食物链；生态足迹；昆虫的生态位；生态平衡。
生态文明教育	中国林业出版社，2016	职业教育教材/科普读物	绿色之忧：生态危机；绿色新政：生态文明；绿色发展：生态产业；绿色生活：生态实践。
生态文明教育简明读本	华中科技大学出版社，2015	高职	有关生态的概念；生态问题给人类敲响了警钟；历史和现实呼唤生态文明；生态文明的主要特征；生态文明建设的重要内容；森林是生态文明的重要载体；实践到大自然中感受生态。

续表

书名	出版社	目标人群	主要内容
大学生生态文明教育读本	湖北科学技术出版社，2014	大学	什么是生态文明；大学生与生态文明思想；大学生的生态文明视野；大学生生态文明行为；大学生的生态文明责任。
简明生态文明教育教程	中国林业出版社，2018	大学	什么是生态文明；生态文明危机状况；生态文明建设途径；"五位一体"实现生态文明中国梦；普及教育建设生态文明的关键；青山绿水生态文明的重要载体；生态环境艰巨使命依靠你我；绿色低碳生态文明的引领示范。
大学生生态文明建设教程	中国林业出版社，2018	大学	生态文明的概念；习近平生态文明思想；生态文明建设的中国智慧；生态文明建设的中国方略；生态文明建设的中国实践；生态文明建设的中国行动；生态文明建设的制度创新；生态文明建设的重要支撑；生态文明建设的使命担当；迈向生态文明新时代。

　　生态文明教育是个系统工程，在落实《全国环境宣传教育行动纲要》和教育部《中小学环境教育实施指南（试行）》精神的过程中，生态教育教材逐渐涌现。已有教材针对不同学段学生的知识结构、接受能力和发展特点，设置了相应的侧重点。小学阶段，侧重于引领学生在揭示自然规律、探究生命科学中有机渗透生态文化教育，培养学生的科学精神和态度；中学阶段，侧重培养中学生生态文明观和生态审美能力，提高中学生的生态环境保护行动技能及发展素养；大学阶段，侧重于培养系统的生态文明理念，了解生态文明同经济、政治、社会、文化发展的关系，以可持续发展的眼光看待和解决问题。

　　现有的生态教育教材和科普读物极大丰富了生态教育的课程资源，为生态教育的多学段体系化做出了一定贡献，但是生态教育的课程建设和教材编撰还处于"各自为战"的阶段，尚未形成系统全面的课程体系。个别地区已经结合当地特点，进行了地区生态教育教材的开发，更多的地区还处于起步和探索的阶段。随着新时代生态文明建设的不断深入和新一轮课程改革的实施，生态教育的课程建设有望向清晰化、系统化发展。

　　基于生态教育教材的现状，和国家教育发展规划对于生态教育的强调，未来应继续加强生态教育课程体系的建设。一是深入领会《中小学环境教育指南（试行）》和《国家教育事业发展十三五规划》中关于发展生态教育的要求，将生态教育贯穿于学校生活的各方面，在现行的规章制度和长远发展计划中均加入生态教育发展计划，积极开展生态教育课程和教材的研发。二是结合最新的生态理念和生态技术发展，以前沿生态科学思想对现有教材进行丰富和更新，让学生在树立生态文明理念、增强生态文明素养的同时，也接触更多的生态科学技术，为未来建设可持续发展经济，构建人类命运共同体打下坚实的基础。

（二）做好生态教育课程建设的师资和经费保障

生态教育的课程建设，教材开发是一方面，能较好地理解和使用教材的师资培养是另一方面。教师是课堂教学的介质和载体，是决定教材效果、发现和提出课程中的问题、推动课程改革的关键因素，因此在全面加强生态教育课程体系建设时，生态教育的教师培养也应得到重视。

高等教育生态学 2011 年才被国务院学位委员会批准升级为一级学科，相关专业师范生的培养过去一直依靠生物学专业师范生的培养而进行。在成为一级学科后，中小学的生态教育需求应推动高校生态学专业的师范生培养，让一批具备专业素养的生态学教师推动基础教育阶段的生态教育发展。同时，也应对现在的生态教育教师加强培养，使相关学科如生物、自然、地理等多学科的教师能胜任生态教育的教学任务。而高校的生态教育专业则应通过高等教育生态学的学科建设和发展而不断培养和储备专业师资人才。

国家对教师的培养向来非常重视，仅 2018 年一年就出台了系列加强教师队伍建设的文件，2018 年 1 月 20 日，《关于全面深化新时代教师队伍建设改革的意见》（简称"中央 4 号文件"）是我国建国以来第一次以"中共中央"名义印发的关于教师队伍建设的专项文件，中央 4 号文件将"加强师德师风建设"摆在重要位置，提出应健全师德建设长效机制。2018 年 9 月，教育部颁发《关于实施卓越教师培养计划 2.0 的意见》，围绕培养模式改革、提高实践教学质量、完善协同培养机制等方面提出八项重要举措，以期完善师范人才培养体系。2018 年 11 月，教育部印发《新时代高校教师职业行为十项准则》、《新时代中小学教师职业行为十项准则》、《新时代幼儿园教师职业行为十项准则》，明确了新时代教师职业行为的基本准则。同时，通过进一步完善各级各类学校教师违反职业道德行为的处理办法，为建立新时代教师师德失范行为负面清单提供依据。生态教育的课程建设和师资培养也应抓住契机，深刻领会和落实相关文件精神，促进生态教育的师资培养。

　　除了师资保障以外，经费保障是做好生态教育课程体系建设不容小觑的一部分。我国对教育的经费投入向来重视，2000 年以来，我国教育总经费的年均增速超过了 17%，财政性教育经费增速快于同时段 GDP 的增速，2017 年，全国教育经费总投入为 4.3 万亿元，其中财政性教育经费为 3.4 万亿元，比上年增长 9 个百分点，占 GDP 的比值已经连续 6 年超 4%。在充分的教育经费投入保障下，我们的课程建设经费也得到了保障，正在朝着新一轮的课程改革目标稳步推进，未来应继续加大在生态教育事业上的投入，尤其是加强对生态教育的课程建设、教材研发、基于"互联网＋"的网络课程平台建设等方面的投入，确保生态教育的课程建设成效。

（三）加强生态教育课程建设的体制机制保障

　　生态教育课程建设的体制机制保障，可以从三个方面来加强：一是政策保障，二是管理保障，三是评价保障。

　　第一，深入领会生态教育相关的课程改革和建设的政策文件。以《中小学生守则（2015 年修订）》《中小学德育工作指南》《国家教育事业发展十三五规划》中关于加强生态教育课程建设的论述为指导，以国家林业局、教育部、共青团中央印发的《国家生态文明教育基地管理办法》为参考，以教育基地建设带动课程建设，做好生态教育的政策文件的学习和宣传、落实工作。同时，有关部门应加强对于生态教育的政策发展、实施效果等方面的研究工作，增加保障生态教育课程建设和改革的政策文件出台。

　　第二，学校部门应建立全校性的生态教育实施和管理机制。[①] 学校应成立生态教育指导小组，由校内外生态环境教育人士、管理人员、教师和社区居民代表等组成。主管校长直接领导，并安排专人具体负责组织、实施和协调工作，如联系校外的生态机构和生态教育工作者，安排教师接受生态教育培训，规划和管理全校的生态教育项目等。另外，学校管理部门应从以下方面支持与配合生态教育工作的落实，一是将生态教育纳入校长和各管理部门的工作日程。二是建立鼓励全校人员积极参与学校管理和生态保护的民主机制。三是在课程计划中为教师合作开展跨学科生态教育提供时间和空间。四是学校图书馆订阅优秀的生态环境报刊。五是与政府、企业、环境保护机构及其他社会生态

---

　　① 2003 年教育部发布的《中小学环境教育实施指南（试行）》中有关于学校环境教育管理机制的论述。

组织建立长期联系，充分利用各种生态教育资源，支持并参与改善社区环境的学校－社区共建活动。六是鼓励教师以各种方式开展生态教育、参加生态教育师资培训等活动。

第三，学校应加强对生态教育工作的监督和评价。安排专门的人员或机构负责生态教育的计划、实施、协调和评价，并将评价结果纳入相关部门和人员的考评体系中。学校应保证学生、家长、学校教职工和领导，以及社区代表等共同参与学校环境建设和生态教育的决策和行动，并对学校生态教育计划的执行进行监督。具体到各学期的学校工作计划，应明确规定本学期生态教育的目标、实施方式、时间安排、评价手段和指标等内容，统筹规划各科课程、综合实践活动和班级团队活动中的生态教育内容。学校的规章制度和日常评价应包括生态保护和生态教育方面的内容，同时在课堂教学、综合实践活动和班级团队活动过程中对生态教育的实施进行评价。另外，学校还应成为生态教育的实践者，在学校的环境建设中体现生态教育的基本理念，建立一套全校性的生态环境保护措施，节约资源、降低能源消耗、加强资源回收和利用等方面的实践情况也应纳入学校整体生态教育落实好坏的评价内容，以监督促落实，以评价保效果。

专栏 2　高校生态学专业的发展[①]

◆ 兰州大学：1985 年开始本科生态学专业招生和培养[②]

√ 结合地域环境特点的生态学专业教育

兰州大学生命科学学院生态学专业是我国最早开办本科专业的院校之一（1985 年）和首批国家重点学科（1987 年），具备本－硕－博完整的培养体系。

兰州大学本科教学现实行生物科学类大类招生，生物科学类由生物科学、生物技术、生态学三个专业构成，其中本科一年级与二年实行大类培养，不分专业，进入三年级后依据兴趣与前两年学习情况编入不同专业学习。

生态学是研究生物与生物、生物与物理环境之间相互关系的一门学科，在传统上，生态学是横跨生物学和环境科学的一个分支学科，属宏观生物学范畴。现代生态学既重视理论研究又注重实际应用。兰州大学生态学专业紧扣我

---

① 本专栏资料收获于调研北京林业大学，采访校长安黎哲教授的过程中。
② 感谢兰州大学邓建明老师的资料支持。

国西部寒、旱区生态环境脆弱、少数民族聚居、经济社会发展落后等特点,结合国家生态环境建设的需求,旨在培养生态意识强、综合素质高、创新能力强的专业人才,使之具备系统扎实的生态学基础知识和应用实践技能。经过长期选择,确定为以理论生态学和分子生态学为基础,重点研究高寒草地生态学、干旱农业生态学和进化生态学。

生态学专业建有草地农业生态系统国家重点实验室和旱区农业与生态修复教育部工程研究中心,拥有高寒草甸与湿地生态系统定位研究站等生态学野外科学观测实验台站、本科教学实践基地及国家级农林人才实践基地多处,形成了从分子生态学到生态系统生态学的完备的基础生态学学科体系。兰州大学本科生态学专业教学计划节选如表9-4所示。

表9-4　　　　　　　兰州大学本科生态学专业教学计划节选

课程类别	课程性质	课程名称	课程类别	课程性质	课程名称
专业课	必修	无机及分析化学	实践教学与科研创新环节	必修	军事训练与军事理论
		有机化学B			无机及分析化学实验
		兰大导读(生命科学史)			有机化学实验
		科技信息检索			动物生物学实验
		动物生物学			植物生物学实验
		植物生物学			生物学野外实习
		生物化学			生物化学实验
		微生物学			微生物学实验
		细胞生物学			遗传学实验
		遗传学			细胞生物学实验
		分子生物学			分子生物学实验
		生物统计学			土壤学实验
		个体生态学			生理生态学实验
		种群生态学			基础生态学大实验
		生态系统生态学			思想政治理论课实践
		群落生态学			创新创业行动计划
		土壤学			毕业论文
		生物地理学			
		生理生态学			
		进化生态学			

续表

课程类别	课程性质	课程名称	课程类别	课程性质	课程名称
专业课选修	选修	动物分类与系统进化	专业课选修	选修	代谢理论生态学
		保护生物学			生态遗传学
		生态学进展			分子生态学
		环境科学概论			景观生态学
		污染生态学			恢复生态学
		生物多样性			环境监测与质量评价
		行为生态学			农业生态系统与管理
		种子植物分类学与区系分析			3S 技术在生态学中的应用
		化学生态学			土壤生态学
		植物营养研究方法			生态建模

√ 7 个方向的研究生培养

生态学专业的研究生培养有理论生态学、进化生态学、植物生态学、农业生态学、草地生态学、森林与土壤生态学、人类生态学与区域发展等七个方向，旨在培养一批掌握生态学基础理论知识和有关生物学、数学、自然地理学、环境学、社会生态学以及生态信息方面的知识，了解生态学的历史、现状和发展动态，掌握相关的实验技能和计算机技术，初步具有独立从事生态学研究和教学工作的能力的生态学专业人才。2018 年兰州大学生态学专业研究生招生和毕业情况如表 9 - 5 所示。

表 9 - 5　　2018 年兰州大学生态学专业研究生招生和毕业情况

专业	硕士招生人数	硕士毕业人数	博士招生人数	博士毕业人数
生态学	65	52	34	12

◆ 北京林业大学：生态学学科源于 1952 年建立的森林学，我国最早具有博士学位授权点的学科之一[1]

√ 本科招生生态学相关专业涉及六大类中的四类[2]

2018 年北京林业大学本科生招生专业（方向）共计 60 个，涉及 14 个学

----

[1] 感谢北京林业大学研究生院张立秋院长的资料支持。

[2] 感谢北京林业大学招生与就业处穆琳处长的资料支持。

院，大类招生专业共6类，与生态学相关的专业有4类，分别是林学类（含林学、森林保护、林学（城市林业方向）3个子专业）、生物科学类（含生物科学、生物技术2个子专业）、林业工程类（2015年起按大类招生，2016年将包装工程专业合并入大类招生，2018年新增林产化工（生物质能源科学与工程方向）专业方向，含木材科学与工程、木材科学与工程（木结构材料与工程方向）、木材科学与工程（家具设计与制造方向）、林产化工、林产化工（制浆造纸工程方向）、林产化工（生物质能源科学与工程方向）、包装工程7个子专业）、设计学类（含环境设计、产品设计、视觉传达设计、数字媒体艺术5个子专业）。另外两大类是工商管理类和计算机类。2018年生态学相关专业如表9-6所示。

表9-6　　　　　　　　　　2018年生态学相关专业

学院	专业	学院	专业	学院	专业
林学	草业	园林	城规	生物	生物（中加）
	地信		风园		生物类
	林学类		旅游		食品
			园林		
水保	水保	保护区	园艺	环境	给排水
	土木		保护区		环工
	资环		保护区（康养）		环境

Ⅴ 研究生培养有一级学科生态学（含四个方向）和二级学科湿地生态学

生态学学科已经拥有森林生态学、恢复生态学和生态规划与管理等二级学科。其中，传统优势二级学科森林生态学的主要任务是认识和揭示森林生态系统的结构、功能、演替规律及其与环境的相互作用，从而为森林资源的可持续经营和生态系统管理提供理论与技术支持。恢复生态学研究的重要对象是森林、荒漠、湿地与城市，是以生物多样性、入侵生态为理论基础，突出生态系统的恢复、保护和治理之间的内在联系，以保护和恢复相结合为特色，理论和应用并重的二级学科。该学科研究内容包括森林、荒漠和湿地植被退化的关键驱动因素，生态恢复、保护技术和模式，解决我国天然林保护、荒漠化防治、自然保护区布局以及城市生态修复工程中的一系列关键性科学与技术问题。生态规划与管理学科的研究领域主要集中在生态评价与规划、生态系统管理、林火生态与管理、城市生态学等领域，具体包括生态系统适应性管理策略、森林生态系统模型、生态系统服务功能评价、森林可燃物管理、气候变化与林火相互关系、森林燃烧性与阻火性、森林火险评估、森林火灾损失评估等。

生态学学科的研究生培养有四个方向：森林生态学、恢复生态与生物多样性保护、生态规划与管理、全球变化生态学。

湿地生态学是研究湿地生态系统的科学，即研究湿地中生物与环境之间相互关系以及湿地对区域及全球环境变化的作用与响应的科学。2012 年生态学升为一级学科，湿地生态学被列为生态学的二级学科。北京林业大学湿地生态学二级学科以湿地生态系统为研究对象，以保护生态学、恢复生态学、水文水资源学、生物多样性科学、入侵生态学、生态工程学为理论基础，形成了以湿地水文与全球变化、湿地植被恢复与重建、湿地生物地球化学过程和湿地保护与管理四个特色鲜明的研究方向，是该校"211 工程"和"优势学科创新平台"重点建设学科。北京林业大学生态学硕士培养课程节选如表 9 - 7 所示。2018 年北京林业大学生态学专业研究生招生和毕业情况如表 9 - 8 所示。

表 9 - 7　　　　　　　北京林业大学生态学硕士生培养课程节选

生态学		湿地生态学	
课程类别	课程名称	课程类别	课程名称
学位课/专业课	多元统计分析	学位课/专业课	生态学进展
	高级森林生态学		湿地保护与管理
	生态学研究方法		湿地生态学研究方法
	生态学进展		生态水文学
选修课	保护生物学专题	选修课	湿地生物地球化学专题
	生态系统管理研究专题		鸟类学
	生态学数据分析——R 语言		湿地景观设计
	全球生态学		自然保护区学前沿讲座
	森林生态系统经营理论与技术		多元统计分析
	入侵生态学		学科信息专题检索 I
	分子生态学理论与方法		资源环境遥感
	景观生态学	补修课	湿地学
	资源环境遥感		湿地工程
补修课	林学相关课程		水文学

表 9 - 8 **2018 年北京林业大学生态学专业研究生招生和毕业情况**

专业	硕士招生人数	硕士毕业人数	博士招生人数	博士毕业人数
生态学	26	27	9	10
湿地生态学	10	10	5	3

北京林业大学被誉为绿色高等学府，基础是生态学和生物学，其林学、水土保持、风景园林、自然保护等专业都以生态学为基础，所有学科都以生态学为主线，全校的办学理念都体现了以生态学为基础和支撑，包括法学与生态文明、生态法紧密结合，哲学、教育学也是推行绿色哲学、生态教育学，可以作为高等教育阶段推行生态教育的典型和示范。

第十章　生态教育与可持续发展

一、全球命运共同体背景下可持续发展的意义

（一）人类命运共同体的提出、发展历程和现状

随着全球经济的不断发展，各国命运和利益交织在一起，联系得更加紧密，世界各地不仅看重一个国家自身的经济水平，还要关注与己密切相关国家的经济。只有这样才可以最大限度地实现经济上的共赢，才能在遇到风险的时候，不同国家之间可以互相承担、共渡难关、共同发展。

人类命运共同体的治国理念是马克思主义中国化的最新成果①。在步入21世纪的第一个十年，我国就开始提出了人类命运共同体的思想，至今这一思想已经经历了很多阶段。2011年《中国的和平发展》白皮书指出：经济全球化成为影响国际关系的重要趋势。不同制度、不同类型、不同发展阶段的国家相互依存、利益交融，形成"你中有我、我中有你"的命运共同体②。这是中国首次提出"命运共同体"的概念。2012年，在党的十八大报告中，这一理论被重点阐述了出来。2013年，习近平主席首次提出构建人类命运共同体的倡议。2017年1月18日，习近平主席在日内瓦万国宫发表题为《共同构建人类命运共同体》的主旨演讲，深刻、全面、系统阐述人类命运共同体理念。同年2月10日，联合国社会发展委员会通过决议，首次将"构建人类命运共同

---

① 钟科代 . "人类命运共同体"：马克思共同体思想的当代发展 [J]. 长江丛刊，2017（26）：125 - 126.

② 谢永萍，徐成盼 . 浅析人类命运共同体的形成和发展 [J]. 济源职业技术学院学报，2019，18（01）：34 - 37.

体"理念写入联合国决议，并呼吁国际社会本着合作共赢和构建人类命运共同体的精神，加强对非洲经济社会发展的支持。同年 11 月 2 日，联合国大会第一委员会会议将"构建人类命运共同体"的理念写入了"防止外空军备竞赛进一步切实措施"和"不首先在外空放置武器"两份安全决议。至此我们开始意识到，当代世界不是一个弱肉强食的世界，穷兵黩武是无法给世界带来发展和美好的未来。当今世界上的大多数国家都主张国与国之间互相信任、互相包容、互相合作，从而实现共赢，共同去维护和保证世界的和平发展。"合作共赢"是人类命运共同体的主要思想①，它很明确地指出，在本国的经济发展之下，还要兼顾别国的经济发展，两者需要共同发展，遇到困难要一起面对，只有这样才能达到共赢。人类命运共同体思想是习近平总书记在重要的国际舞台上多次提到的，并且受到国际社会的高度评价和热烈响应。

纵观当今世界的格局不难看出，人类命运共同体理念是解决当今许多世界问题的一剂良药。对于中国来说，它是符合我国国情的，它不仅符合马克思主义的发展认识，还在此基础上进行了创新，它明确了现代人类的主要任务是什么，并且指导人们如何正确地完成任务。

（二）构建人类命运共同体对实施可持续发展的指导意义

落实可持续发展目标有时间限制，而构建人类命运共同体则是一个涉及范围更广的历史过程，不可能一蹴而就。2017 年 12 月，习近平主席在中国共产党与世界政党高层对话会上表示要努力建立四个世界。我们可以将人类命运共同体的四个维度（世界）内涵与可持续发展议程相比较，会发现两者有相当多的契合之处②。这有力地说明了：①人类命运共同体理念是符合全世界大多数人民的共同意愿和利益，符合人类发展方向和潮流的，因此，很快受到国际社会的重视和欢迎。②广受欢迎的 2030 年可持续发展议程不仅有力地佐证了构建人类命运共同体的合理性和可行性，还证明了其可操作性。③可持续发展议程的 17 个目标和 169 个具体目标的落实，将助力于具体构建人类命运共同体进程，反之亦然。④经济社会发展领域是国际社会分歧最少，共识最多，最具共同基础的领域，应该作为推进构建人类命运共同体的切入点和优先领域之一。

---

① 吴润生，杨长湧．在合作共赢中推动构建人类命运共同体［J］．中国发展观察，2018，No.189（9）：18－21.

② 吴红波．人类命运共同体与可持续发展［J］．国际公关，2018（03）：22－25.

（三） 可持续发展教育在实现可持续发展中的重要性

可持续发展教育是可持续发展时代应运而生的教育，是以可持续发展价值观为核心的教育，其目标是帮助受教育者形成可持续发展需要的科学知识、学习能力、价值观念与生活方式，进而促进社会、经济、环境与文化的可持续发展[①]。可持续发展教育概念内涵包括：第一，可持续发展教育有着与生俱来的内在源动力，它是从人类可持续发展需要出发而实施的教育。第二，可持续发展和教育的关系可以表达为当代教育的双重功能，第一层是指教育促进社会可持续发展；第二层是教育促进人的可持续发展。可持续发展教育对可持续发展的推动作用主要体现在：

1. 可持续发展教育促进国民素质提高

高素质的人既可以选择合乎人类最高利益的新发展观，又可以为新发展观的实现做出积极的努力。要想全面实现社会的可持续发展战略，必须着力提高全体社会成员的素质。

经济的发展离不开一定的资源，而资源就其形式来说大致可以分为自然资源、资本资源、人力资源和知识资源四种[②]。单纯以自然资源和资本资源的大量投入来谋求经济的发展是许多国家包括我国都曾走过的道路。实践证明，这不是一条可持续发展之路。要走可持续发展之路就必须把重点放在人力资源和知识资源的开发与利用上。《中国 21 世纪议程》明确指出："中国劳动力资源丰富……如果不加以充分利用，不仅会造成人力资源的巨大浪费，而且还会消耗大量的生活资料而为社会带来负担。因此，中国人力和人才资源的开发利用是可持续发展能力建设的重要内容"。人力资源的开发有两种途径：一是通过人力资源的有效配置、组合，从而使既有的人力资源发挥最佳效益，这是一种优化配置型的开发，积极推进人才市场的培育，加大劳动制度、就业制度的改革等都是这种配置型开发的有效途径；二是着力于人力资源质量、品位的提高，这是一种内涵型的开发。大力普及教育，不断提高人口的受教育程度是这种内涵型开发的根本途径，也是配置型开发的重要基础。从这个意义上说，大力发展教育，全面提高全社会成员的素质是开发人力资源和知识资源的根本途径。通过可持续发展教育改变人的科学素质、社会态度，发展他们对新事物、

---

① 杜志勇. 谈品德与社会中的可持续发展教育 [J]. 北京教育：普教版，2014（6）.

② 乌英格. 人力资源在经济发展中的地位和作用 [J]. 内蒙古统计，2002（5）：13 - 14.

新技术、新观念的接纳意识，牢固其可持续发展信念，才能推动可持续发展战略向纵深迈进。

2. 可持续发展教育是宣传可持续发展理论的重要工具

只有确立可持续发展的思想，才能够选择可持续发展的行动①。可持续发展作为与人类命运密切相关的大事，需要全民的参与。没有绝大多数民众的接受和参与，可持续发展将成为一句空话。我国环境污染事件的屡屡发生，其原因大都源于公众甚至某些地方领导干部的环境意识和可持续发展观念的淡薄。为使全体社会成员尽快形成可持续发展观念，懂得自己作为人类一员对人类的可持续发展所负有的义务，明白保护环境就是保护自己的道理，增强责任心和危机意识，积极参与到人类可持续发展的伟大事业中来，就必须大力宣传可持续发展的理念。可持续发展教育作为塑造人和改造人的活动，理应担负起宣传可持续发展理论、弘扬可持续发展理念的职责。

3. 可持续发展教育是协调自然资源与经济可持续发展矛盾关系的有效途径

20 世纪是一个非常成功的世纪，从 1950～1997 年，全球经济年度总产出从 5 万亿美元扩展到 29 万亿美元，增长了近 5 倍。但在全球经济发展的指数均保持良好的同时，主要的环境指数却在变得越来越坏。我们可以看到：森林资源在缩小，水位在下降，土壤在腐蚀，河流在干涸，动植物物种在消失。由于经济的不断增长，人类社会加大了对地球自然资源和各种资源的消耗。这种对资源透支、对环境破坏的经济行为我们可以借用"短期行为"这样一个名词来表示。"短期行为"是制约可持续发展的主要因素。它主要受当前经济利益动机的支配，而且基本上是在有意识状态下进行的。要消除这种妨碍可持续发展的短期行为，有赖于可持续发展教育目标的实现。在可持续发展过程中，教育与环境呈正相关的关系，即教育的普及程度、发展水平、质量状况等教育表现较好，环境问题在一般情况下则相对说来也较为优化，治理的条件也较为有利，效果也较明显。反之，环境问题也就相对突出，这就充分显示了教育在实施可持续发展战略中的重要作用②。因此，环境问题也可以说是教育问题，我们必须重视可持续发展教育的发展，更新教育的内容，使全社会掌握现代科学知识，形成全新的世界观，确立环境与发展新概念。

---

① 朱伟坚. 确立新的道德观是可持续发展的需要 [J]. 中国西部科技，2003（4）：53 - 54.

② 赵丽娟，常瑛. 普及环境教育与高校在可持续发展中的角色定位 [J]. 石油教育，2000（z1）：5 - 6.

二、生态教育的可持续发展目标

（一）生态教育能促进可持续发展

1. 生态教育培养可持续发展的意识

生态教育以顺应人类自然属性为前提，以促进教育可持续发展和健康科学发展为目标，以生态学理念、思想和原理为基本导向，促使人们形成一种不断接受教育、坚持学习、终身教育的理念[①]。生态教育不仅是社会和科技进步的根本保障，还是从人类、经济、社会、环境等重要维度综合性地培养公众意识，提高公众环境保护意识和科学发展理念，提升公众对社会发展的认知程度和认识水平，使人们不断调整自身的社会行为和经济活动，自觉维护人与自然协调的可持续发展的重要手段。

人作为生态环境建设的主体，人类中心主义的追求比较普遍，可持续发展的觉悟和意识较差，个人生态价值观念落后严重影响可持续发展和生态环境建设，对于我国生态环境建设困难、自然环境恶劣发展具有不可推卸的责任。因此，人和自然之间的和谐关系的认识是实现生态教育的前提，生态意识和生态观的正确建立是生态教育的首要任务，人类对地球生态系统、生态危机、生态平衡的破坏所引发的后果是人类必须具备的生态意识形态，也是培养可持续发展意识的重要保障[②]。人口增长和经济发展都会消耗地球资源，造成诸如臭氧层破坏、热岛效应、土壤沙漠化、生态系统失衡等危机，通过长期地有意识地进行生态教育、培养生态意识、普及生态知识，能够使人类更加合理地开发和利用自然资源、平衡自然环境和社会、经济环境之间的关系，维持地球环境的生态平衡、资源的永续利用，有利于区域经济乃至全球经济的可持续发展。

2. 生态教育提升可持续发展的能力

生态教育是为实现可持续发展和生态文明社会，而将生态学思想、原理、原则与方法融入现代全民性教育过程[③]。生态教育是一种道德观念的教育，也

① 赵丽娟，常瑛. 普及环境教育与高校在可持续发展中的角色定位 [J]. 石油教育，2000（z1）：5-6.

② 沙未来. 中学生物学教育中生态伦理观教育研究 [D]. 曲阜师范大学，2004.

③ 苏爱凤. 思品教育与生态教育的双赢尝试 [J]. 中学教学参考，2014（1）：67.

是未来教育事业发展的必然趋势，它从人与自然和谐共生的生态道德理念出发，引导人类为了长远利益和更好地享用自然、享用生活，自觉养成爱护自然环境和生态系统的生态保护意识、思想觉悟和相应的道德文明行为习惯。

倡导科学教育精神、优化教育结构体系、合理分配各类教育资源、坚持以生为本、创新教学方法，是实现教育生态化、维持生态教育的各个子系统平衡发展和高效运行、协同社会环境的有效途径①。首先要倡导科学的生态教育精神，需要以生态化理念为前提，对现有教育内容进行调整和充实，并通过教育资源的科学合理配置，不断优化教育结构。坚持以生为本，尊重学生的个性和主体性，为学生提供宽松愉悦的学习环境，培养学生自主学习生态理念和思想的意识，不断更新和了解与生态教育相关的前沿科学知识并转化为教学内容，引导学生积极思考，鼓励学生开展探究性学习，发现问题，解决问题。

（二）生态教育实现可持续发展的路径

1. 生态教育体系构建的基本原则

第一，生态教育与人类对生存环境的需求相结合②。一方面，学习者通过组织过程和行动学习获得经验；另一方面，生态教育力图对学习的外部环境进行构建，包括学习者协作学习的自然环境，努力使学习者所处的环境成为非商业化、非自由消费和物质主义的社会环境，使得外在学习环境朝着更符合可持续发展的要求过渡和转化，从而进一步体现自然界的良性发展，建立可持续发展的生态文明。

第二，生态教育与自组织动态系统相协调③。生态教育力求将参与者的知识体系与来自于自身的探索性发现、自我反思和民主思想等各种文化观点相结合，从复杂动态系统科学中得到启示，使其在生态教育中发挥重要作用。

第三，社交置入与良性循环和健康发展相结合。人类同时具有价值归属感和独立意识。生态教育路径的目标就是要同时开发学习者的这两种价值观。研究表明，强大的社会关系可以帮助激发个体行为的发展和自主能力，将自身置入所处集体，增强个体的集体归属感，并为实施个人行动，使得集体得到可持

---

① 夏铭，高阳. 论实现中学教育管理人本化的途径与方法 ［J］. 现代教育管理，2007（12）：65－68.

② 陈秀端. 生态文明教育需求下通识课《人类与环境》的教学模式研究 ［J］. 新西部，2018（8）：138－139，92.

③ 朱永海，张新明. 论教育信息系统的演进——兼论教育信息生态的形成 ［J］. 中国远程教育，2008（13）：21－26.

续发展。换句话说，社交群体，如学校课堂，学习者通过协作学习方法，激发自主学习动机，还要为自己所属的社交群体付诸个人行为，构建可持续发展知识体系；同时，个人的学习目标又反作用于学习者本身，这又有助于开发学习者的个人自主动机，并良性循环，为实现社交群体的总体目标和利益作出努力。

2. 生态教育的课程设置应短期目标和长期目标相结合

第一，明确我国生态教育课程的性质和类型。生态教育课程在中小学课程系统中到底是作为必修课还是选修课，以学科课程的形式实施还是以综合实践课程的形式开展，这都是需要明确的问题。必修课强调大众化和民主化的价值取向，选修课则更突出学生的主体性和个性发展。生态教育课程的核心是关于生态文明的世界观、价值观、生活方式、生活态度的素质教育，其宗旨是培养学生生态文明的精神，树立可持续发展的生态文明理念，明确社会责任感，而不仅仅是指对资源环境生态内容的了解和学习①。例如，我国中小学的生态教育课程是一门面向大众，以情感体验为主，以培养学生生态文明意识，提升学生生态文明素质为主要目的的综合性人文素质教育学科课程。因此，在中小学的课程设置中，生态教育课程应该是一门以综合实践课程的组织形式开展的必修课。

第二，确定我国生态教育课程的目标体系、内容体系和评价体系。在设置目标体系的时候要以"生成性目标"和"表现性目标"为主，以培养学生解决问题的能力和创造性的精神为核心②。在此基础上，进一步明确课程的总体目标和学段目标，分别对课程的具体目标加以论述说明。在设置目标体系的时候应该注重以下几个方面：让学生了解基本的生态文明知识，帮助学生掌握基本的生态文明建设的实践方法和能力；正确认识个人、社会与自然生态之间的相互关系；引导学生欣赏和关爱生态环境，关注家庭、社区、国家和全球的生态问题；培养学生与生态自然和谐相处，可持续发展的情感、态度和价值观，选择有益于生态文明建设的生活方式。就内容体系而言，生态教育课程是一门综合性的人文教育课程，因此在构建生态教育课程内容体系过程中，一方面要注意各个层级年龄段学生的身心特点，并注意各个层级之间的衔接性；另一方面还要结合学生所在的具体环境大力开发地方课程和校本课程，注意课程内容

---

① 张晓琼. 网络教育视域中的高中生态文明素质教育研究 [D]. 河南师范大学, 2015.
② 范蔚. 三类教学目标的实践意义及实现策略 [J]. 教育科学研究, 2009 (1)：49－52.

本身的多样性、地域性和丰富性。同时，要改进课程内容的呈现方式，课程内容要与现代社会生活紧密结合，既方便教师教又方便教师学，要注重对学生的引导发现，鼓励学生探究性学习，给学生提供更多的展示机会，让学生在学习过程中不断产生成就感，让生态文明教育的课本成为学生喜爱的"学本"。在课程评价过程中，具体评价形式，学校可以根据自身情况在评价目的、评价主体、评价标准和评价方法等四个方面进行多样化的选择和组合。

第三，科学合理地规定各年级各阶段教学内容的安排顺序和学时分配。教学内容的安排顺序和学时分配应该以课程内容体系为重要依据，结合各阶段学生认知水平和认知规律，进行规定安排。具体来说：小学低年级（1－3年级），以习惯养成为主，培养健康的生活习惯；小学高年级（4－6年级），以认知校园、社区和家乡为主，培养学生热爱校园、热爱家乡的情感；初中阶段，要拓展学生的认知视野，了解我国及整个世界的生态环境状况，能够运用相关知识分析周边的生态问题；高中阶段，以合作学习的方式组织学生对某些生态文明问题进行系统性的认识，并尝试一些生态文明建设实践活动等。

在明确生态教育的短期与长期目标后，便可结合生态教育体系构建的基本原则，基于教育现状，分阶段突破。

（三）可持续发展目标对生态教育的促进和保障

1. 可持续发展目标给生态教育充分的发展时间和空间

可持续发展目标和我国生态教育建设具有高度的一致性，我国现今正坚定不移地向可持续发展目标迈进，在注重提高人民生活水平的同时，将更多的注意力放在了生态教育体系的建设上，该体系强调人与自然和谐的观念，既符合我国生态建设的基本国情，又放眼于未来，强调可持续发展之路。

2015年9月联合国召开的全球发展峰会也指出，教育可持续发展目标旨在确保全面、公平、优质的教育和促进全民终身学习，提倡全民参与学习生态教育活动，加强生态意识，提升生态素质[①]。尤其是针对学生这一集体，代表着我国未来的建设人才，其生态环保思想和可持续发展目标的教育理念参差不齐，对于环保和可持续发展理念的认识尚在初级阶段。生态教育基于生态学视角，重点关注自然发展、生命价值及人与自然的和谐共生，力求系统中各部分的组成结构、功能都能够相互适应和协调，为可持续发展的实施提供一个自由

---

① 胡佳佳．UNESCO 统计研究所发布《可持续发展数据摘要》[J]．世界教育信息，2016（19）：72．

和平衡的教育环境，为生态教育充分的发展和目标实现提供了充分的时间和空间。

2. 可持续发展目标为生态教育的实施创造一个包容的环境

可持续发展的目标给生态教育创造了一个可持续发展的长期过程，也为其提供了一个包容的环境，允许其在探索和进步的过程中有徘徊和反复，允许其在试错后得以改进，允许其追求与社会、经济、文化的协同路径。正因为我们的发展目标是可持续的，所以我们不必急于求成，不必追求一时的成效和表面的风光，而应该在长期发展规划的考量下付诸实践，一方面是我们能看到和干预的长期，五十年，一百年；另一方面是我们虽然看不到但是有义务保护和提前预想的子孙后代的几百年，几千年。

现阶段，我国社会呈现以消耗式的发展状态前行，民众环保观念淡化，人人为生态，人人为可持续发展的环保观念不够普及，消费主义、享受主义等与建立可持续发展和节约型社会的主张大相径庭，尚未真正地形成一个生态保护的大环境。可持续发展作为当今时代生态教育发展的驱动因素之一，能够较好地实现生态与教育背景的契合，成为生态教育发展的一个重要维度①。

21 世纪以来人类不断受到来自生态环境的威胁，而生态教育正是在这一背景下被提出。我国生态教育的建设和实施还处于较为不完善的阶段，2014年国家环保部公布的《全国生态文明意识调查研究报告》显示，中国公众生态文明意识已觉醒，但认识较浅，生态文明行为也需进一步升华。可持续发展是全面发展（经济、社会、环境）的教育，有助于促进不良消费观念、不良生产观念向负责任的、绿色的消费生产观念的转变。以生态教育为杠杆，首先进行个体生态观念的转换，然后将个体整合成为一个整体，为生态教育的实施创造一个包容的环境，最终实现人和社会的健康有序发展。

3. 可持续性促使生态教育探索长效发展路径

可持续发展教育包含经济可持续发展、环境可持续发展和社会可持续发展（健康与福祉、人权、全球议题等）三个主题维度②，能够推进社会乃至世界知识、价值、理解和行为的发展，有效促进生态教育长足发展。

可持续发展是顺应社会经济发展的必然趋势，是实现兼顾经济发展与生态环境保护的必然路径，是生态教育发展和提高人们解决环境与发展问题能力的

---

① 车向清，邓文勇. 生态化：成人教育发展的新趋向 [J]. 职教论坛，2012 (6)：48－51.

② 吴颖惠. 节约教育：可持续发展教育的时代主题 [J]. 北京教育（普教版），2008 (7)：62－63.

关键①。近年来，可持续发展在生态教育中的重要作用被反复提及，2002 年可持续发展全球峰会也明确指出教育是实现可持续发展的必要因素，强调所有形式的教育都是为了可持续发展的学习，生态教育渗透在各个学科的教学中，强调人、自然和社会的和谐发展，以及其与现实生活的联系。可持续发展也逐渐成为全世界所有国家生态教育领域的共识，它为推动、达到、维持、促进生态教育体系发展提供了重要依据，也为促使生态教育探索长效发展路径提供了重要手段。

三、生态教育的可持续发展路径

（一）注重生态教育实践，贯彻生态教育理念

家庭和学校是理论知识的重要学习场所，社会是检验理论知识掌握情况的主要实践基地。社会公众是生态教育的主要团体和实践对象，生态教育以生态学整体论的世界观和方法论为中心，利用理论结合实践来形成生态教育模式、提升生态意识②。综合家庭教育、学校教育和社会教育，进行全方位的生态教育，是实现生态教育的可持续发展路径的主要方法。结合现实问题，积极贯彻生态教育理念，并通过对理论知识的掌握情况在实践的检验来提供调整教育措施的参考依据，如引导学生正反两方面分析生态问题，鼓励学生并提出解决生态问题的措施，真正实现教育的社会化、生态化和可持续发展。通过生态实践教育、构建生态教育第二课堂，增强和培养学生的生态责任意识和生态修养，加强学生的生态教育立法思想。此外，社会教育可以增加学生生态教育实践认知，可以吸引优质外界资源主动汇聚和投入到生态教育系统中，实现教育资源的循环和流动，达到生态教育理念的贯彻落实。

（二）加强师资力量建设，创新生态教育方法

教师是推进教育生态化的关键因素之一，做好师资规划、创新教学方法是

---

① 孙陶生，王晋斌. 论可持续发展的经济学与生态学整合路径——从弱可持续发展到强可持续发展的必然选择［J］. 经济经纬，2001（5）：13 – 15.

② 杨焕亮. 生态教育策略研究［J］. 教育科研论坛，2004（2）：8 – 10.

生态教育发展的核心动力①。完善教育生态化体系和可持续发展需要坚持教师为主导和学生为主体、深入贯彻生态化教育教学理念、创新和优化教师综合素质和教学技能。多渠道多方式地引进专业素质高、教学能力好的师资力量，合理配置教师资源，增强教师自身的生态意识、创建一支专业化、职业化、高素质、多层次的专职生态教育师资队伍。摒弃传统以考证和考试为主的教师考核和评价方式，以教学方式的创新和高效，学生实际应用能力和综合素质的提升为基本考核思想，积极开展一系列针对教师的培训，使他们懂得如何将生态教育思想与现有课程密切结合，将教师随班就读、在职研修、差异化需求教学、学生合作学习和自主学习能力等作为基本评价手段，注重教学资源和学生兴趣事物的接洽设计，以及网络技术和新媒体平台的载体创新，拓展生态教育的方式方法，进而达到实现教育生态化的可持续发展目标。

（三）促进政策保障机制，完善生态教育系统

政策制定的合理性、资金支持的力度以及服务系统的完善程度等为生态教育系统的完善提供了良好的物质基础，为生态教育的贯彻落实提供了保障，优化生态教育体系，实现全民生态教育是提高全民生态意识及生态素养的重要手段。尤其是对于承担着人才培养和社会服务重要使命的高校来说，一方面承担着制定教育发展规划、培养符合国家可持续发展需求人才的重要任务，另一方面为学生能力提升提供着充足的资金、场地保障和服务等。因此，高校应当根据自身特点和优势，协调优化区域融合教育资源，充分调整教育生态结构使之趋于和谐，行政部门需要做好生态教育系统的顶层设计，积极主动了解国家关于生态教育及可持续发展的政策和社会导向，并制定和贯彻落实切实可行的实施方案，教务部门等需要为学生构建完整的生态教育知识体系，此外，多方协作来构建可持续发展的生态教育系统也是促进政策保障机制、完善生态教育系统的重要手段。

生态教育目标既是教育目标，又不仅是教育目标。一方面，它是我们在追求现代化教育目标、实现人才兴国人才强国的中国梦的背景下，实现立德树人目标的基本要求。生态教育与德智体美劳的各方面息息相关，是我们培养全面发展、具有大局观的人才的重要环节。另一方面，它早已脱离了教育领域，是一个关系到人类未来命运发展的社会现象，它起源于环境领域，最后作用于全

---

① 杨溢，刘红．核心素养，在和谐的教育生态中生长［J］．师资建设，2017（30）：61．

社会，而现在要通过教育起到关键作用：传播生态文明理念，树立生态价值观，创新生态科学技术，建立生态文明社会。因此，我们应该以习近平生态文明思想为指导，以实现全社会经济、环境、文化多元一体的可持续发展为目标，认真实践好生态教育。

结　　语

党的十八大明确提出大力推进生态文明建设，实现中华民族永续发展。标志着我们对中国特色社会主义规律认识的进一步深化，表明了我们加强生态文明建设的坚定意志和坚强决心。党的十九大提出要"加快生态文明体制改革，建设美丽中国"。为了满足人们日益增长的优美生态环境的需要，我们需要加强生态文明建设的总体设计和组织领导，推动生态文明建设新格局。《国家教育事业发展"十三五"规划》总结了"十二五"时期我国教育改革发展取得的显著成就，成段论述了"增强学生生态文明素养"的培养任务，并明确提出"强化生态文明教育"的要求。建设生态文明，生态教育要先行。我们应该深入学习领会习近平生态观，建立系统完善的生态教育体系，推动各级各类学校生态教育的落实，促进生态文化体系构建在生态文明建设中的引领作用，加强生态文明建设的成效。

生态教育是构建生态文化体系、建设生态文明的重要内容，是全面落实立德树人根本任务的时代要求，是培养社会主义核心价值观的强大推力。生态教育是对马克思生态观和习近平生态文明思想的实践。习近平生态文明思想具有深厚的理论渊源，清晰的理论逻辑，符合现实的理论价值，经过时代发展后，其为新时代生态教育指明了方向。

生态教育，是对于人与自然生态环境之间关系的教育，其以生态文明为主要内容，以培养生态素养、树立生态价值观念为主要目标，旨在实现人与自然和谐共生与稳定长效的可持续发展[1][2]。建国七十年来，我国生态教育经历了生态文明思想酝酿、以环境教育为重点的生态教育萌芽、以渗透教育为主要形式的生态教育探索、课程改革引领生态教育逐渐走向规范等发展过程。十八大

---

① 钱易，何建坤，卢风. 生态文明十五讲［M］. 北京：科学出版社，2015.

② 陈建成等. 大学生生态文明建设教程［M］. 北京：中国林业出版社，2018.

以来，生态教育随着生态文明建设的不断深入而愈发受到重视，生态教育的重要性与成效日渐显现。

我们的生态文明建设已取得初步成效，在构建人类命运共同体的时代背景下，生态教育将在生态文明建设进程中发挥更大的作用。首先，应夯实生态教育在生态文明建设中的使命感，生态文明是人类文明发展的必然方向，生态教育是生态文明建设的使命担当。生态教育应克服工业文明造成的异化，恢复生命的本真和自由；生态教育应培养个体的生态文明理念，以自由人格领悟生态自然法则，获得外部自由；生态教育应培养人作为自为主体对自然有机整体的调控和适应；生态教育应担负起建设可持续发展社会，共建人类命运共同体的文化基础。通过上述四个方面的措施，发挥生态教育从武装头脑、端正认识到规范行为、指导实践上的作用，切实发挥生态教育的作用，推进生态文明建设事业。

作为生态教育重点领域的学校生态教育具有一些特点，中小学生态教育由国家教育事业发展规划正式提出，目前在有序进行，不断完善，中小学生参与生态教育的意愿强烈，形式丰富、渠道多样，学校生态教育获得了较好的家庭支持。同时，中小学生态教育也存在一些问题，生态教育尚停留在较浅层面，教育者对生态教育的认识有待进一步加强，生态教育地区发展不平衡的现象应该得以改进。社会生态教育受严峻的生态现状影响，社会民众有较强的提升生态素养的愿望，社会生态教育有待和学校生态教育共成体系。为构建生态教育系统，应加强构筑大中小幼一体化的学校生态教育体系，营造全民参与、政府支持的社会生态教育的良好文化环境，加快建立系统完整的生态文明制度体系，为生态教育提供制度保障。

在生态教育体系建设中，课程体系建设是重点，在目前的生态教育中具有紧迫性。生态教育课程体系建设具有以下几个目标：一是确定生态教育的教学内容及实施步骤，二是对总体教学目标进行分解细化，三是创造和培养与课程教学相适应的教学条件和师资力量。生态教育课程体系应包含五大方面的内容：明确生态课程的价值与目标是进行生态教育和课程建设的前提；生态课程的开发与设计是明确指导思想后，进入到实践环节的第一个步骤；丰富生态课程的资源与内容主要依靠互联网＋的时代背景，从网络平台的建设和网络课程的开发上着手；生态教育课程建设应考虑生态教育课程的实施与过程，这是将诸多美好设想落地的过程，也是对课程设计进行检验的过程；生态教育课程建设还应包含生态教育课程的管理与评价，这是课程建设全过程的最后一个环节，也是体现生态课程建设成效的环节。

为生态教育课程体系设置分阶段目标，有助于目标的细化和实现，我们要加强对现有课程的了解和对未来发展趋势的研判，做好生态教育课程建设的师资和经费保障，加强生态教育课程建设的三方面保障，一是政策保障，二是管理保障，三是评价保障。

在建设全球命运共同体的背景下，寻求可持续发展也离不开生态教育的支持。生态教育能培养可持续发展的意识，提高可持续发展的能力，创造可持续发展的途径，从而促进可持续发展。生态教育体系构建应紧紧围绕可持续发展的中心目标，从经费可持续、师资可持续等方面进行保障。生态教育的课程设置应将短期目标和长期目标相结合，分阶段突破。而可持续发展目标对生态教育有促进和保障作用，一是给生态教育充分的发展时间和空间，二是对生态教育的实施创造一个包容的环境，允许在试错和改进的过程中实现协同发展，三是可持续性促使生态教育探索长效发展路径。

因此，在建设生态文明，寻求可持续发展，探索人类命运共同体的征程上，正确认识生态教育的作用，明确其发展途径和保障条件，构建完善生态教育体系，通过实行生态教育践行生态文明思想，以生态文明思想为生态教育指明方向，我们的可持续发展之路将会大放异彩、日久弥新。

附录　生态教育的重要政策摘编

环境与发展是当今国际社会普遍关注的重大问题。保护环境，实施可持续发展战略，是当今世界的共识。

环境保护，教育为本。加强中小学环境教育，是贯彻落实我国环境保护基本国策，提高全民族的环境意识和科学文化素质的奠基工程，也是为我国培养21世纪合格人才，实施可持续发展战略，建设现代化强国的一项根本性的措施。

——摘自《教育部关于印发〈中小学环境教育实施指南（试行）〉的通知》（教基〔2003〕16号），2003年10月8日

第一条　为普及全民生态知识，增强全社会生态意识，加快构建繁荣的生态文化体系，推进社会主义生态文明建设，使全国生态文明教育基地管理工作规范化、制度化，根据国家有关规定，特制定本办法。

第二条　国家生态文明教育基地是具备一定的生态景观或教育资源，能够促进人与自然和谐价值观的形成，教育功能特别显著，经国家林业局、教育部、共青团中央命名的场所。主要是：国家级自然保护区、国家森林公园、国际重要湿地和国家湿地公园、自然博物馆、野生动物园、树木园、植物园，或者具有一定代表意义、一定知名度和影响力的风景名胜区、重要林区、沙区、古树名木园、湿地、野生动物救护繁育单位、鸟类观测站和学校、青少年教育活动基地、文化场馆（设施）等。

第三条　国家生态文明教育基地应当为公民接受生态道德教育提供便利，对有组织的生态文明教育活动实行优惠或者免费；对现役军人、残疾人和有组织的中小学生免费开放；每年3月12日植树节向全民免费开放，并组织纪念宣传活动。

第四条　国家生态文明教育基地称号采用命名制，严格控制数量。命名中坚持标准、注重实效、保证质量，并实行动态管理。

第五条　国家生态文明教育基地是面向全社会的生态科普和生态道德教育基地，是建设生态文明的示范窗口。

第十七条　获得国家生态文明教育基地称号的单位每年年底要向国家生态文明教育基地管理工作办公室提交书面总结报告。

第十八条　国家生态文明教育基地管理工作办公室对基地进行抽查，对达不到规定的单位，提出整改意见；在规定的整改期内仍达不到要求的，报国家林业局、教育部、共青团中央取消其国家生态文明教育基地称号。

——摘自《国家林业局 教育部 共青团中央关于印发〈国家生态文明教育基地管理办法〉的通知》（林宣发〔2009〕84 号），2008 年 4 月 9 日

进一步深化高等农林教育综合改革，提升高等农林院校服务生态文明、农业现代化和社会主义新农村建设的能力与水平。

高度重视高等农林教育发展。高等农林教育在实现农业现代化进程中处于基础性、前瞻性、战略性地位。各级教育、农业、林业行政部门和高等学校要充分发挥高等农林教育在解决"三农"问题中的重要作用，为农林教育改革与发展提供政策支持和制度保障，大力推进综合改革，进一步提升高等农林院校为农输送人才和服务能力，形成多层次、多类型、多样化的具有中国特色的高等农林教育人才培养体系。

着力办好一批涉农专业。实施"卓越农林人才教育培养计划"。适应农林业创新、国际竞争和交流合作的战略需求，着力开展国家农林教学与科研人才培养改革试点，培养一批高层次、高水平拔尖创新型人才；立足现代农林业发展需要，提升、改造传统农林专业，培养一大批复合应用型人才；面向农林业生产一线以及现代农业和新农村建设需要，深化面向基层的农林教育改革，培养数以万计下得去、留得住、用得上、懂经营、善管理的实用技能型人才。

强化涉农专业招生和就业政策支持。鼓励有条件的地方实施涉农专业免费教育。适度增加高等职业院校涉农专业学生对口升学比例。拓宽高等农林院校毕业生基层就业渠道，支持地方政府提供就业岗位，开展订单定向培养。加大国家励志奖学金和助学金对高等学校涉农专业学生倾斜力度，对符合条件的基层就业毕业生实行学费补偿和国家助学贷款代偿政策，吸引更多的高素质人才学农、爱农、兴农，长期服务农林业、终身服务农林业。

　　加大高等农林教育投入。各地教育行政部门要积极协商本级财政主管部门在普遍提高高等教育生均拨款标准的基础上，科学核定、逐步提高涉农专业生均拨款标准。在重大改革、建设项目中加大高等农林教育支持力度。在"985工程""211工程""2011计划""本科教学工程"以及重点学科建设、重点实验室建设、优势学科创新平台建设等项目中，加大对高等农林教育的支持力度。

　　——摘自《教育部 农业部 国家林业局关于推进高等农林教育综合改革的若干意见》（教高〔2013〕9号），2013年11月22日

　　教育行政部门、学校应当将环境保护知识纳入学校教育内容，培养学生的环境保护意识。

　　——摘自《中华人民共和国环境保护法（2014年修订）》（中华人民共和国主席令第9号）2014年4月24日

　　加强生态文明教育。各级教育部门和中小学校要普遍开展生态文明教育，以节约资源和保护环境为主要内容，引导学生养成勤俭节约、低碳环保的行为习惯，形成健康文明的生活方式。要深入推进节粮节水节电活动，持续开展"光盘行动"。加强大气、土地、水、粮食等资源的基本国情教育，组织学生开展调查体验活动，参与环境保护宣传，使他们认识到环境污染的危害性，增强保护环境的自觉性。加强海洋知识和海洋生态保护宣传教育，引导学生树立现代海洋观念。

　　——摘自《教育部关于培育和践行社会主义核心价值观 进一步加强中小学德育工作的意见》（教基一〔2014〕4号），2014年4月1日

　　坚持把培育生态文化作为重要支撑。将生态文明纳入社会主义核心价值体系，加强生态文化的宣传教育，倡导勤俭节约、绿色低碳、文明健康的生活方式和消费模式，提高全社会生态文明意识。

　　提高全民生态文明意识。积极培育生态文化、生态道德，使生态文明成为社会主流价值观，成为社会主义核心价值观的重要内容。从娃娃和青少年抓起，从家庭、学校教育抓起，引导全社会树立生态文明意识。把生态文明教育作为素质教育的重要内容，纳入国民教育体系和干部教育培训体系。将生态文化作为现代公共文化服务体系建设的重要内容，挖掘优秀传统生态文化思想和

资源，创作一批文化作品，创建一批教育基地，满足广大人民群众对生态文化的需求。通过典型示范、展览展示、岗位创建等形式，广泛动员全民参与生态文明建设。组织好世界地球日、世界环境日、世界森林日、世界水日、世界海洋日和全国节能宣传周等主题宣传活动。充分发挥新闻媒体作用，树立理性、积极的舆论导向，加强资源环境国情宣传，普及生态文明法律法规、科学知识等，报道先进典型，曝光反面事例，提高公众节约意识、环保意识、生态意识，形成人人、事事、时时崇尚生态文明的社会氛围。

——摘自《中共中央 国务院关于加快推进生态文明建设的意见》，2015年4月25日

勤俭节约护家园。不比吃喝穿戴，爱惜花草树木，节粮节水节电，低碳环保生活。

——摘自《教育部关于印发〈中小学生守则（2015年修订）〉的通知》（教基一〔2015〕5号），2015年8月20日

增强学生生态文明素养。

强化生态文明教育，将生态文明理念融入教育全过程，鼓励学校开发生态文明相关课程，加强资源环境方面的国情与世情教育，普及生态文明法律法规和科学知识。广泛开展可持续发展教育，深化节水、节电、节粮教育，引导学生厉行节约、反对浪费，树立尊重自然、顺应自然和保护自然的生态文明意识，形成可持续发展理念、知识和能力，践行勤俭节约、绿色低碳、文明健康的生活方式，引领社会绿色风尚。

——摘自《国家教育事业发展十三五规划》，2017年

学段目标

小学低年级

教育和引导学生热爱中国共产党、热爱祖国、热爱人民，爱亲敬长、爱集体、爱家乡，初步了解生活中的自然、社会常识和有关祖国的知识，保护环境，爱惜资源，养成基本的文明行为习惯，形成自信向上、诚实勇敢、有责任心等良好品质。

小学中高年级

教育和引导学生热爱中国共产党、热爱祖国、热爱人民，了解家乡发展变

化和国家历史常识，了解中华优秀传统文化和党的光荣革命传统，理解日常生活的道德规范和文明礼貌，初步形成规则意识和民主法治观念，养成良好生活和行为习惯，具备保护生态环境的意识，形成诚实守信、友爱宽容、自尊自律、乐观向上等良好品质。

德育内容

（四）生态文明教育。加强节约教育和环境保护教育，开展大气、土地、水、粮食等资源的基本国情教育，帮助学生了解祖国的大好河山和地理地貌，开展节粮节水节电教育活动，推动实行垃圾分类，倡导绿色消费，引导学生树立尊重自然、顺应自然、保护自然的发展理念，养成勤俭节约、低碳环保、自觉劳动的生活习惯，形成健康文明的生活方式。

——摘自《教育部关于印发〈中小学德育工作指南〉的通知》（教基〔2017〕8号），2017年8月17日

紧紧围绕乡村振兴战略和生态文明建设，坚持产学研协作，深化农科教结合，用现代科学技术改造提升现有涉农专业，建设一批适应农林新产业新业态发展的涉农新专业，建设具有中国特色、世界水平的一流农林专业，培养懂农业、爱农村、爱农民的一流农林人才，为乡村振兴发展和生态文明建设提供强有力的人才支撑，服务美丽中国建设。

创新农林人才培养模式。服务乡村振兴发展和生态文明建设，深化高等农林教育人才培养供给侧改革，加快培养不同类型农林人才。

——摘自《关于加强农科教结合实施卓越农林人才教育培养计划2.0的意见》，2018年9月17日

后　记

　　本书为北京市教育科学"十三五"规划 2016 年度优先关注课题"以生态价值观教育为重点的可持续发展教育研究"（课题编号：BEJA16015）的研究成果，感谢北京市教育科学规划领导小组办公室对本研究的支持。

　　本书完成过程中得到了多位专家学者的帮助。北京林业大学校长、中国生态学学会副理事长安黎哲教授为本书的框架构建提供了思路，并提供了大量宝贵资料。北京林业大学研究生院张立秋院长、北京林业大学招生与就业处穆琳处长、兰州大学生命科学学院邓建明副院长、北京市科学技术协会北京生态修复学会于立安主任等四位专家也为本书提供了资料支持，对上述专家表示感谢。

　　另外，河南大学与中国科学院联合培养研究生张佳田、西南大学与中国科学院联合培养研究生孟楠参与了本书第十章的撰写，一并表示感谢。

彭妮娅

2019 年 8 月